Untersuchungen über die Arbeitsteilung im Bienenstaat

2. Teil: Die Tätigkeiten der Arbeitsbienen unter experimentell veränderten Bedingungen

---

Habilitationsschrift

zur Erlangung der Venia legendi

für das Fach der Zoologie

an der Landwirtschaftlichen Hochschule in Berlin

eingereicht am 8. Juni 1929 von

Dr. G. A. Rösch

Assistent am Institut für Bienenkunde, Berlin-Dahlem
(Direktor: Prof. Dr. L. Armbruster)

Sonderabdruck aus
„Zeitschrift für vergleichende Physiologie"
Bd. 12, Heft 1

Springer-Verlag Berlin Heidelberg GmbH

1930

ISBN 978-3-662-40743-1   ISBN 978-3-662-41225-1 (eBook)
DOI 10.1007/978-3-662-41225-1

Inhaltsübersicht.

A. Einleitung.

In dem ersten Teile dieser Untersuchungen (1925) wurde gezeigt, daß
das so viel bewunderte Staatenleben unserer Honigbiene unter *normalen*
Verhältnissen auf einem überraschend einfachen und sinnvollen Prinzip
der Arbeitsteilung aufgebaut ist. Jede Bienenarbeiterin durchläuft mit
fortschreitendem Alter in ihren verschiedenen Lebensabschnitten eine
ganz bestimmte Reihenfolge von Tätigkeiten und absolviert so im Ver-

laufe ihres Lebens nacheinander alle Funktionen, die ein Bienenvolk zu leisten hat. So sind z. B. bei der Brutpflegetätigkeit immer Arbeiterinnen einer bestimmten Altersstufe anzutreffen, die dann in demselben Maße zu einer anderen Tätigkeit übergehen, als der Brutpflegedienst von den nachrückenden jüngeren Generationen übernommen wird. Dadurch erhält das Arbeitsgetriebe seine augenscheinliche Plastizität; denn *zeitlich* sind die Arbeitsetappen den Arbeiterinnen keineswegs schematisch vorgezeichnet, so sehr sie es in ihrer *Reihenfolge* zu sein scheinen (1925, S. 629).

Mit diesen Feststellungen über die Arbeitsteilung im normalen Bienenvolk ist jedoch erst der Auftakt zu einer Reihe weiterer Fragen gegeben. Vor allem wird nun interessieren, *ob diese Reihenfolge* der Tätigkeitskette, in der eine Arbeiterin ihre Pflichten absolviert, in der Tat ihr Leben unumstößlich beherrscht oder *ob dieses Prinzip unter erzwungenen Bedingungen verlassen werden kann,* ob also unter experimentell konstruierten Zwangsverhältnissen z. B. junge Bienen die Arbeiten der alten übernehmen können und umgekehrt.

Versuche, die auf die Beantwortung dieser Frage abzielen, stoßen freilich auf erhebliche Schwierigkeiten, die alle darauf zurückzuführen sind, daß mit einzelnen Individuen der Honigbiene nicht experimentiert werden kann. Die erforderlichen ,,Zwangsfälle'' müssen immer an ganzen Bienenvölkern oder an Teilen von Völkern hergestellt werden. Wie ich später im einzelnen noch ausführen werde, lassen sich aus diesem Grunde nur einzelne Fragen des uns hier interessierenden Themas in der Weise bearbeiten, *daß wir einem Teil eines Bienenvolkes im Experiment Aufgaben stellen, die es normalerweise nicht zu erfüllen hat,* und so feststellen, ob und wie die erzwungene Situation gelöst wird.

Die Umstände liegen glücklicherweise doch so, daß wir mit dieser Methode wenigstens auf die *wichtigsten* Fragen der Arbeitsteilung im Bienenstaat eine Antwort erhalten können. Nützt man überdies die während der Versuche erhaltenen Erfahrungen zu weiteren Versuchen unter weiterhin variierten Bedingungen aus, so kann auf diese Weise ein Gesamtergebnis erarbeitet werden, das eine befriedigende Antwort auf das gestellte Problem gibt.

In erster Linie habe ich Versuche angestellt, die die folgenden Fragen beantworten sollen: 1. Können junge Bienen im Notfalle auch die Tätigkeiten der alten Sammelbienen übernehmen, 2. können ältere Arbeiterinnen im Zwangsfalle wieder zur Brutpflegetätigkeit der jungen Stockbienen zurückkehren und 3. welche Arbeiterinnen übernehmen bei Abwesenheit normaler Baubienen die Bautätigkeit im Volke? Nicht allein deshalb, weil diese drei Funktionen, Brutpflege, Bautätigkeit und Sammeltätigkeit die unbedingt wichtigsten für die Erhaltung des Bienen- ·volkes sind, sondern weil Hand in Hand mit diesen Tätigkeiten anatomische Veränderungen im Körperbau der Arbeiterinnen festzustellen sind, die eine direkte Kontrolle der angestellten Beobachtungen zulassen und somit den Sicherheitsgrad der Aussagen wesentlich erhöhen.

Schon bei meinen Beobachtungen der normalen Arbeitsteilungsverhältnisse (1925), noch mehr aber bei den eben geschilderten Versuchen hat sich gezeigt, daß nicht allein die „anatomische Konstitution" einer Bienenarbeiterin verantwortlich zu machen ist für ihre augenblickliche Betätigung innerhalb des Staatsgetriebes, sondern daß der zu absolvierenden Tätigkeitskette ein instinktbiologisches Moment zugrunde liegt. Ich habe daher in einem zweiten Abschnitt (Kapitel C) versucht, auch diesem Problem näher zu kommen.

Unter bestimmten Bedingungen lassen sich nämlich Arbeitsbienen in Gefangenschaft halten, wo ihnen jede Möglichkeit einer adäquaten Betätigung fehlt. Ich setzte also Arbeiterinnen sofort nach ihrem Schlüpfen in Käfige und gab sie erst nach gewissen Zeitabschnitten wieder in ihr Volk zurück. Wie werden sich nun solche Tiere in dem Arbeitsreglement eines Bienenstaates wieder zurecht finden? Ist das Alter an sich, d. h. die körperliche Entwicklung entscheidend für das, was eine Arbeiterin im Volksbetrieb übernimmt, unabhängig davon, was sie vorher geleistet hat, so wird sie nach der Gefangenschaft an der Stelle der Arbeitskette einsetzen, die ihrem Alter entspricht. Oder aber, sie wird im anderen Falle das nachholen, was sie durch ihre Gefangenschaft „versäumt" hat, d. h. sie wird trotz ihres Alters an dem Punkt beginnen, an dem eine frischgeschlüpfte Biene normalerweise anfängt, sich für den Staat nützlich zu machen.

Auf diese Weise läßt sich in reinster Form zeigen, ob die Stellung einer Arbeiterin im Bienenvolk (sowohl im normalen als auch im anormalen) als Bedingung der augenblicklichen anatomischen Entfaltung ihrer Organe aufzufassen ist oder nicht, und welche Vorstellung wir uns von diesem Moment machen müssen. Ich werde daher am Schlusse dieser Arbeit darlegen, wie ich meine Ergebnisse unter allgemeinen Gesichtspunkten werten möchte.

Daß der Schilderung der Versuche immer eine genaue Skizze der Versuchstechnik vorausgeschickt wird, geschieht mit voller Absicht. Gerade Versuche dieser Art können nach meinen Erfahrungen in der Versuchstechnik nicht sorgfältig genug genommen werden, weil die Ergebnisse bei scheinbar nebensächlichen Modifikationen leicht nach einer anderen Richtung deuten. Ich möchte demnach auch hoffen, daß bei der Kritik meiner Ergebnisse dieser Umstand nicht außer acht gelassen wird. Besonders in Kreisen der experimentierenden Imker wird oft jede methodische Rechtfertigung unterlassen, und dann — unter anderen Bedingungen — etwas anderes beobachtet.

Die im folgenden geschilderten Versuche wurden im Jahre 1926 am

Münchener zoologischen Universitätsinstitut begonnen, 1927 am selben Institut weitergeführt und 1928 und 1929 am Institut für Bienenkunde der landwirtschaftlichen Hochschule Berlin-Dahlem abgeschlossen. In den Jahren 1926 und 1927 war mir die Fortsetzung dieser Untersuchungen durch ein Stipendium der Notgemeinschaft der deutschen Wissenschaft ermöglicht worden, wofür ich auch an dieser Stelle meinen Dank aussprechen möchte. Besonderen Dank schulde ich ferner den Herren Prof. Dr. K. v. FRISCH-München und Prof. Dr. L. ARMBRUSTER-Berlin-Dahlem für das liebenswürdige Entgegenkommen und die Unterstützung, die ich an ihren Instituten fand.

B. In welcher Weise verteilen sich die Arbeiten in einem Bienenvolk, dessen normale Zusammensetzung gestört wurde.

Zum besseren Verständnis der hier zu schildernden Versuche wird es angebracht sein, zuerst noch einmal das Arbeitsprogramm einer Arbeiterin bei *normaler* Volkszusammensetzung zu rekapitulieren. In großen Zügen lassen sich drei Tätigkeitsabschnitte einer Arbeiterin feststellen: 1. Die Brutpflegeperiode, die etwa bis zum 12. Tagalter ausgeübt wird, 2. die sogenannte zweite Periode im Stock, die etwa bis zum 20. Tagealter reicht und 3. die Sammeltätigkeit, in der sich die Arbeiterin bis zu ihrem Lebensende dem Eintragen von Honig und Pollen widmet.

Der Brutpflegedienst wird eingeleitet durch das Zellenputzen, d. h. durch das Vorbereiten der leeren oder leer werdenden Wabenzellen, das die frisch geschlüpfte Arbeiterin bis zu ihrem 3. Lebenstag übernimmt. Erst nach dieser Zeit beginnt die junge Arbeiterin mit dem direkten Füttern der Bienenbrut, und zwar versorgt sie in den ersten Tagen dieser neuen Tätigkeit die *alten* Larven mit Honig- und Pollennahrung aus den Vorratszellen des Stockes. Gleichzeitig zehrt die Brutpflegerin jedoch selbst stark von diesen Nährstoffen und bringt dadurch ihre Futtersaftdrüsen zur Entfaltung. Unter dieser Bedingung geht dann die Brutpflegerin etwa mit dem 6. Lebenstag dazu über, die *jungen* Larven des Volkes zu füttern. Diese Bienenlarven der ersten drei Entwicklungstage werden bekanntlich mit reinem Futtersaft, einem Drüsensekret versorgt, das die Arbeiterin in ihren Kopfspeicheldrüsen produziert. Erst jetzt sind also die brutpflegenden Arbeiterinnen zu „Brutammen" geworden, wohingegen ihre frühere Brutpflegetätigkeit sich lediglich darauf beschränkte, Honig und Pollen aus den Vorratszellen zu holen und sie den alten Larven zu verabreichen. Der Brutammendienst wird nun von den Arbeiterinnen bis zu ihrem 10.—13. Lebenstag ausgeübt. Es läßt sich in histologischen Bildern zeigen, daß während dieser Periode ihre Kopfspeicheldrüsen sich auf ihrer maximalen Entfaltungsstufe befinden (1925). Dieser Umstand ist von Bedeutung für unsere spätere Erörterung und soll daher festgehalten werden.

Noch während der Brutpflegeperiode, spätestens aber an deren Ende, unternehmen die jungen Arbeiter ihre ersten Orientierungsausflüge, bei denen sie sich über die Lage und das Aussehen des Heimatstockes unterrichten. Im Hinblick auf unsere späteren Versuche ist dieser Zeitpunkt der ersten Ausflüge von Entscheidung. Die junge Arbeiterin ist jetzt als Flugbiene zu bezeichnen, wobei wir jedoch ausdrücklich festhalten müssen, daß damit lediglich gesagt ist, daß sie „*flugfähig*" geworden ist.

Trotzdem verbringt eine Arbeiterin noch etwa weitere 8 Tage im Stock (die sogenannte 2. Periode im Stock), während der sie sich zunächst als Baubiene betätigt. In einer gesonderten Untersuchung (1927) konnte ich zeigen, daß sich auch für diese Tätigkeitsperiode im histologischen Bild der Wachsdrüsen eine wünschenswerte Bestätigung schaffen läßt. Nach der Entwicklung und Degeneration der Futtersaftdrüsen folgt eine maximale Entfaltung der Wachsdrüsen, die zeitlich mit der Bautätigkeitsetappe zusammenfällt. Die zweite Periode im Stock, in welche noch die Betätigung als Futterabnehmerin, Pollenstampferin, das Reinhalten des Stockes und zuletzt der Wächterdienst fällt, schließt etwa mit dem 20. Lebenstag der Arbeiterin ab. Dazwischen unternimmt sie wiederholt kürzere oder längere Ausflüge, sei es zur weiteren Orientierung, zur Reinigung oder zum Entfernen von Unrat und Abfallstoffen.

Erst etwa mit dem 20. Lebenstag wird die Arbeitsbiene zur Sammelbiene. Sie fliegt auf „Tracht" aus, wie der Imker sagt, und trägt Blütenstaub oder Nektar für den Stock ein. Diese Sammeltätigkeit übt sie nun ausschließlich bis zu ihrem Lebensende aus [1].

Für die hier einsetzenden neuen Versuche war zur Beantwortung der ersten beiden Fragen die Aufgabe gesetzt, ein normales Bienenvolk in zwei Teile zu teilen, von denen der eine aus *jungen* Bienen, der andere aus *alten* Arbeiterinnen bestehen soll. Wir wollen den ersten Teil kurzerhand immer das „Jungvolk", den anderen Teil entsprechend „Altvolk" nennen, wobei es sich natürlich nur um Volksteile handelt. Die Bienen des Jungvolkes sollen noch nie als Trachtbienen tätig gewesen sein, diejenigen des Altvolkes dagegen sollen alle die Brutpflegeperiode überschritten haben.

Es gibt jedoch (außer dem natürlichen Schwarmakt) nur eine Möglichkeit, ein Bienenvolk „künstlich" in zwei Teile zu spalten und in diesen beiden Teilen Bienen von einheitlichem, definierbarem Alter zu haben. Das ist die von alters her in der praktischen Imkerei geübte „Fluglingbildung". Auf Grund der allgemein bekannten stereotypen Heimkehr-

---

[1] Neuerdings hat PEREPELOWA (1928) meine Angaben über die Arbeitsteilung im Bienenvolk nachgeprüft und im wesentlichen bestätigen können. Sie legt allerdings größeren Wert als ich auf die Tatsache, daß beim Zellenputzen (was auch ich schon feststellte) außer den frischgeschlüpften Arbeitern auch ältere beteiligt sind, die der „zweiten Periode im Stock" angehören.

flüge der eingeflogenen, orientierten Bienen kann man auf einfache Weise von einem Bienenvolk alle Flugbienen abtrennen, indem man eine dem Heimatstock ähnlich sehende leere Bienenwohnung an den Platz des alten Stockes stellt, der seinerseits nur in kurzer Entfernung daneben aufgestellt zu werden braucht. Die Flugbienen werden jetzt bei ihren Ausflügen ohne weitere Orientierung ihren Stock verlassen und auf Grund ihrer alten Erinnerungsbilder in die (an der gewohnten Stelle stehende) neue Wohnung einziehen. Auf diese Weise kann eine Trennung eines Bienenvolkes in einen *flugfähigen* und in einen *nichtflugfähigen* Teil herbeigeführt werden.

Damit ist wohl auch eine Trennung in junge und alte Bienen erreicht. Allerdings liegt die „Trennungslinie" nicht an der Stelle, an der wir sie theoretisch wünschten. Aus der eben geschilderten Lebensgeschichte einer Arbeiterin im normalen Bienenstaat ging hervor, daß der Augenblick der Flugfähigkeit einer Arbeiterin unter Umständen mitten in die Periode der Brutpflege fallen kann. Deshalb werden sich unter den flugfähigen Bienen, die jetzt das Altvolk bilden, solche befinden, die sich ohne Umstellung in diesem Volksteil der Brutpflege widmen können, wogegen wir gewünscht hätten, in diesem Volksteil nur alte Bienen zu haben, die mit Sicherheit den Brutpflegedienst abgeschlossen haben. Dieser Mangel der Versuchsgestaltung liegt in der Natur der Sache. Es gibt keine Möglichkeit außer der „Fluglingbildung", ein Bienenvolk entsprechend unseren Wünschen (oder nach anderen Prinzipien) exakt zu teilen.

In der Tat liegt hier ein Mangel vor. Wie wir später sehen werden, läßt er sich jedoch durch weitere Versuche in vollauf befriedigender Weise kompensieren.

Um so günstiger liegen die Versuchsbedingungen für das Jungvolk, das durch diese Fluglingbildung nicht nur sämtliche Flugbienen, sondern auch sicher alle Sammelbienen verloren hat. Dieser Volksteil kann also unter wunschgemäßen Bedingungen vor die Aufgabe gestellt werden: Auf Tracht auszufliegen, um Nektar und Pollen zu sammeln.

Technische Vorbemerkung.

Zur Beantwortung der im Kapitel B aufgeworfenen Fragen 1 und 2 wurde also von dem Prinzip der „Fluglingbildung" ausgegangen. Auch bei diesen Versuchen wurde mit dem bewährten verglasten Beobachtungskasten und der Numerierungsmethode der zu beobachtenden Bienen gearbeitet. Über das Aussehen eines solchen Beobachtungskastens gibt die Abb. 1 Aufschluß. Über die Numerierungsmethode der Bienen siehe v. Frisch (1923).

Da es fürs erste erwünscht war, nach der Trennung des Versuchsvolkes die beiden Volksteile möglichst gleichzeitig und nebeneinander zu beobachten, verwendete ich einen Beobachtungskasten, der nebeneinander zwei Waben des sogenannten Normalmaßes enthielt (siehe die Abb. 2) [1]. Entsprechend den beiden Waben A und B führten zwei Aus-

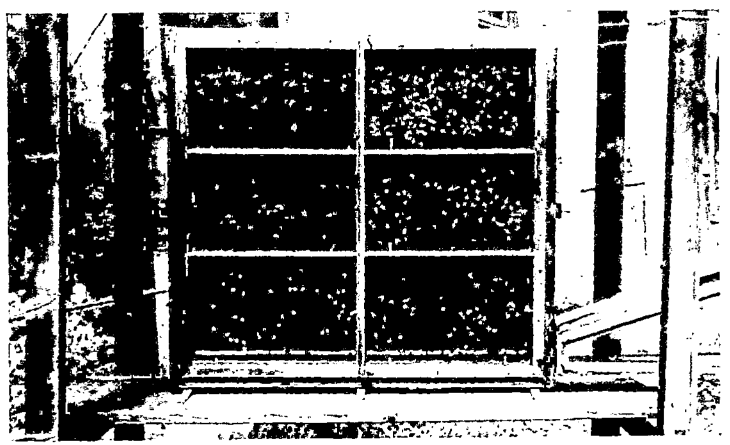

Abb. 1. Verglaster Beobachtungskasten für 6 Normalmaßwaben. (Aus v. FRISCH 1927.)

flugöffnungen bei a und b nach außen, von denen die bei b zunächst geschlossen gehalten wurde. Die Flugöffnung a war mit einem 15 cm langen Flugkanal verbunden, welcher seinerseits durch das Flugloch ($Fl.$) auf einer besonders montierten Flugwand ($Fl.W.$) nach außen mündete. Nach Wahl konnte jedoch der Beobachtungskasten (in der Achse xy um 180°) so gedreht werden, daß die Flugöffnung b an den festmontierten Flugkanal ange-

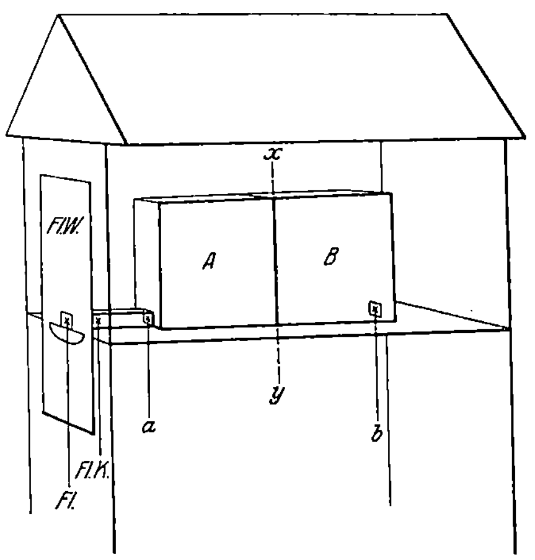

Abb. 2. Schematische Zeichnung des überdachten Beobachtungskastens, der zu den Versuchen verwendet wurde. A und B = die beiden Abteilungen, a und b = die dazugehörigen Fluglöcher, $x—y$ = die Achse um die der Beobachtungskasten beim Versuch gedreht wurde, $Fl.K$ = Flugkanal, $Fl.W$ = Flugwand, $Fl.$ = äußeres Flugloch. Vergleiche dazu die Abb. 3 a und 3 b.

---

[1] Daß der Beobachtungskasten überdies in einer zweiten größeren Glashülle steckte, auf einem Sockel stand, der im Inneren eine automatische regulierbare Heizvorrichtung enthielt, mit der die Luft zwischen den Glasscheiben des Beobachtungskastens und der äußeren Glashülle erwärmt werden konnte, so daß der „heizbare Beobachtungskasten" zu Dauerbeobachtungen bei niedriger Temperatur verwendet werden konnte, braucht hier nicht ausführlich erwähnt zu werden, da diese Einrichtung für die vorliegenden Versuche nicht verwendet wurde.

schlossen werden konnte, so daß jetzt die beiden Flugöffnungen *a* und *b* vertauscht waren.

Das Innere des Beobachtungskastens war so eingerichtet wie Abb. 3a zeigt. Das Versuchsvolk konnte die beiden Waben gleichmäßig besiedeln und durch die Flugöffnung *a* aus- und einfliegen. Die zwei Waben wurden auf beiden Flächenseiten (in entsprechendem Abstand) von *einer* Glasscheibe bedeckt. Nach Wunsch konnten jedoch die zwei Waben durch eine Scheidewand voneinander getrennt werden (siehe Abb. 3b *Z-W'*). Aus technischen Gründen wurden in diesem Falle überdies an Stelle der früher über beide Waben laufenden Glasscheibe *zwei halbgroße Glasfenster* eingesetzt, so daß der früher zweiwabige Raum (Abb. 3a) jetzt in zwei einwabige Räume zerlegt wurde (Abb. 3b), von denen jeder seine Flugöffnung hatte.

Meine Absichten waren nun die: durch das Versuchsvolk zunächst die beiden Waben *Wa* und *Wb* ungetrennt besiedeln zu lassen und die Bienen durch die Flugöffnung *a* ausfliegen zu lassen, wie es der Abb. 3a entspricht. Kurz vor der Fluglingbildung sollte das Volk dann vorübergehend auf die Wabe *Wa* allein gebracht werden, zwischen der Wabe *Wa* und *Wb* die Scheidewand errichtet und gleichzeitig der Beobachtungskasten in der vorgesehenen Weise (um die Achse *xy*) gedreht werden, so daß (die jetzt geöffnete) Flugöffnung *b* (und damit die leere Abteilung *B*) an den gewohnten Flugkanal angeschlossen ist (siehe die Abb. 3b). Dadurch sollte erreicht werden, daß alle Flugbienen aus der jetzt entgegengesetzt liegenden Flugöffnung *a* abfliegen, durch ihr gewohntes Flugloch in der festgebliebenen Flugwand und durch den gewohnten Flugkanal in die leere Abteilung *B* einziehen sollten.

Ich kann hier gleich erwähnen, daß diese Absicht auch programmäßig erreicht wurde. Die fortwährend heimkehrenden Sammelbienen als auch die fortwährend bei *a* abfliegenden Flugbienen zogen, beruhigt durch die optisch gleichgebliebene Fluglochwand und noch mehr durch den im Flugkanal und selbst in ihrem leeren Abteil herrschenden gewohnten Nestgeruch geradezu mit Selbstverständlichkeit in den ihnen zugedachten Versuchsraum. Durch die Verschiedenheit des Aussehens der neugeschaffenen Abflugstelle (Flugöffnung *a* in Abb. 3b, direkt am Beobachtungskasten, ohne Flugwand) gegenüber der gewohnten Landestelle (mit farbiger Flugwand und Flugkanal), wurde ein Überwechseln eingeflogener Bienen auf das neue Flugloch vollständig unterbunden, was meiner Erfahrung nach bei einer Fluglingbildung mit zwei gleichaussehenden Fluglöchern nicht immer der Fall ist.

Dieser Versuch wurde im Sommer 1926 zum erstenmal angestellt und soll deshalb auch zunächst abgehandelt werden.

Am 19. VI. 26 wurde begonnen, täglich 20 Stück frischgeschlüpfte Arbeitsbienen des Versuchsvolkes zu zeichnen bzw. zu numerieren. Zu den geplanten Versuchen ist es wohl erwünscht, möglichst viel numerierte, also dem Alter nach bekannte Einzeltiere im Beobachtungsvolk zu haben. Erfahrungsgemäß sind jedoch zu viel gezeichnete Bienen im Volk ein größeres Übel als zu wenig, einfach deshalb, weil der Überblick dann voll-

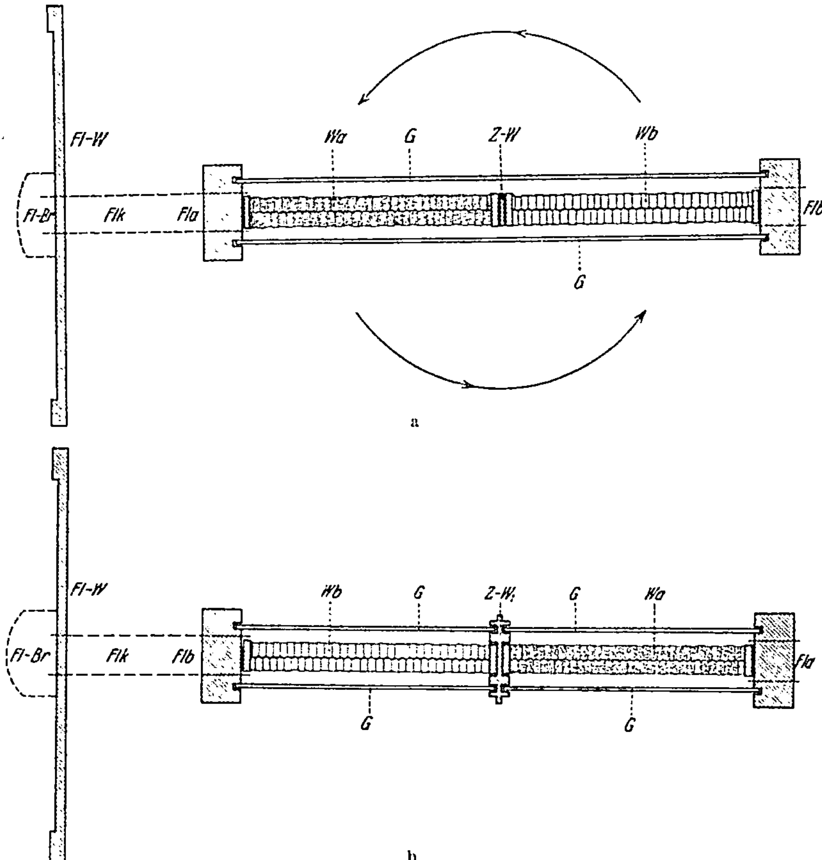

Abb. 3a und 3b. Schematischer Schnitt durch den Beobachtungskasten, der zu den Versuchen verwendet wurde. 3a = Beobachtungskasten *vor* dem Versuch. Das Flugloch (*Fla*) ist an den feststehenden Flugkanal (*Flk*) angeschlossen. 3b = Beobachtungskasten *während und nach* dem Versuch um 180° gedreht. Jetzt ist das Flugloch *Flb* an den Flugkanal angeschlossen. Die Waben *Wa* und *Wb* sind durch eine Zwischenwand (*ZW*) getrennt.

ständig verschwindet und weil es ganz unmöglich ist, diese Menge dann auch tatsächlich zu beobachten.

Das Zeichnen der Bienen wurde auch bei diesen Versuchen so durch-geführt, daß dem Beobachtungsvolk — das aus später zu erörternden Gründen stark in Brut gehalten wurde — in gewissen Zeitabständen ein Teil der gedeckelten Brutwaben entnommen wurde, um die Bienen im Brutschrank schlüpfen zu lassen. Von den hier täglich schlüpfenden

Arbeiterinnen wurden jeweils 20 Stück gezeichnet und mit dem ungezeichneten Rest an geschlüpften Bienen ins Versuchsvolk zurückgegeben. Dadurch wurde gleichzeitig die tägliche Störung durch das
Zeichnen auf den Waben vermieden.

Das von v. Frisch (1923) ausgearbeitete Farbzeichensystem erlaubt
durch Kombination verschiedener Farbflecke eine Numerierung der
Bienen bis zur Zahl 599, die für gewöhnlich auch vollständig ausreicht.
In unserem Falle war jedoch mit mehr als 599 Bienen zu rechnen. Da
ich jedoch auf eine individuelle Numerierung jeder Einzelbiene keinesfalls
verzichten wollte, ging ich dazu über, allen Bienen einer Zwanzigergruppe
zunächst einmal auf das Abdomen eine „Gruppennummer" zu geben und
durch Zahlen auf den Thorax (von Nr. 1—20) diese Gruppen dann wieder
einzeln zu numerieren. Lautet so die Bezeichnung einer Biene z. B. 13/17,
so heißt das, wir haben in diesem Falle eine Biene vor uns, die mit 19
anderen am 13. Tage nach Versuchsbeginn gezeichnet wurde (Zahl auf
dem Abdomen) und von dieser Gruppe die Biene Nr. 17 (Zahl auf dem
Thorax) ist.

Diese fortlaufende Numerierung der täglichen Gruppen von je 20
frischgeschlüpften Bienen wurde 56 Tage lang, bis zum 26. VIII. 26 fort-
gesetzt, so daß am Ende dieser Vorbereitungsperiode über 1000 gezeichnete Bienen bekannten Alters im Stock waren. Am 26. VIII. 26 wurde
dann der Beobachtungskasten in der oben angegebenen Weise gedreht
(siehe Abb. 3a und 3b) und dadurch im Versuchsvolk die flugfähigen
Bienen von den nicht flugfähigen getrennt.

Entsprechend unserer Problemstellung wurde der Raum, in den die
flugfähigen alten Bienen einzogen, mit einer Wabe ausgerüstet, die etwa
auf einem Drittel der Wabenfläche gedeckelte Brut, auf dem zweiten
Drittel offene Brut (vom Ei bis zur unverdeckelten alten Larve) und auf
dem dritten Drittel Honig und Pollenvorräte enthielt[1].

Dieser Volksteil erhielt die alte, ihm bekannte Königin. *Von diesem
Altvolk wollte ich also wissen, ob es noch imstande sei, Brut zu pflegen.*

Der Raum für das kahlgeflogene Jungvolk wurde mit einer Wabe
versehen, die mit Brut in allen Stadien bedeckt war und nur ganz un-
wesentliche Mengen Pollen und Honig enthielt[2]. *Von diesem Volksteil
wollten wir ja in Erfahrung bringen, ob er neben seiner gewohnten Brutpflegetätigkeit auch das zum Fortbestand nötige Futter herbeischaffen kann.*

Die Jungbienen erhielten eine (begattete) neue Königin, die von
jungen Bienen erfahrungsgemäß ohne besondere Vorbereitung angenommen wird, was in diesem Falle auch eintrat.

---

[1] Diese Wabe wird weiter unten S. 27 als Abb. 7a gezeigt.

[2] Es ist zu dieser Jahreszeit fast unmöglich, eine Brutwabe ohne jeden Vorrat
zu bekommen.

1. Frage: Können junge Stockbienen im Notfalle auch die Tätigkeit der alten Sammelbienen übernehmen?

Nach dem bisher Geschilderten dürfte die Fragestellung und Art des Versuches klar sein. Als Tag des Versuchsbeginns wurde ein solcher mit schönem Flugwetter gewählt. Das Umdrehen des Beobachtungskastens wurde am Vormittag zu einem Zeitpunkt vorgenommen, an dem die jungen Bienen des Versuchsvolkes ihre täglichen Orientierungsausflüge noch nicht abgehalten hatten.

Noch am selben Tage des Versuchsbeginns vollzog sich das erwartete „Kahlfliegen" des Jungvolkes in erheblichem Maße, wenngleich ein Rest von Flugbienen noch 2 Tage nachher auf der Wabe anzutreffen war. Für die Herbeischaffung von Futter kamen diese Flugbienen jedoch *keinesfalls* in Betracht, denn jeder Ausflug dieser Bienen endete damit, daß sie ganz automatisch (mit oder ohne Futter) zum gewohnten Flugloch und damit in das Altvolk einzogen. So war bald der gewünschte Zustand auf der Wabe der Jungbienen hergestellt, der sich darin dokumentierte, daß auf der Wabe eine für den Kenner ganz ungewohnte Ruhe bei dem schönsten Flugwetter herrschte.

Aus einer „Bestandsaufnahme" der gezeichneten Bienen ging hervor, daß die *ältesten* Bienen, die sich am nächsten Tage (27. VIII. 26) noch im Jungvolk befanden, 18 Tage alt waren. Man geht jedoch fehl, wenn man annimmt, daß tatsächlich nun auch die Trennungslinie zwischen Alt- und Jungvolk bei dem 18. Tagalter gelegen ist. Man kann überhaupt nicht eigentlich von einer „Trennungslinie" sprechen, wenn man damit den Gedanken verbindet, daß ein bestimmtes Tagalter anzugeben wäre, von dem aus gerechnet alle jüngeren Bienen im Jungvolk verblieben wären, alle älteren Bienen dagegen sich ins Altvolk verflogen hätten. Es ist daher besser von einem „Grenzgebiet" zu sprechen, was besagen will, daß im Jungvolk *in abnehmender Individuenzahl* noch relativ alte Bienen verblieben waren, die der Alterszahl nach schon ins Altvolk gehörten. Von diesen Bienen war die älteste 18 Tage alt, und zwar verblieb von der gezeichneten 20-Gruppe dieses Tagesalters nur eine im Jungvolk, woraus zu schließen ist, daß von den ungezeichneten Bienen ebenfalls nur ein entsprechend geringer Prozentsatz vorhanden war[1].

Entscheidend ist also die Feststellung, daß im Jungvolk keine einzige Sammelbiene verblieb. Die Folge davon war, daß schon am Tage nach Versuchsbeginn (27. VIII. 26) der letzte Honigvorrat verschwunden war und das Jungvolk derartig futterknapp wurde, daß bereits die ersten verhungerten Arbeiterinnen mit ausgestrecktem Rüssel am Bodenbrett lagen, darunter gezeichnete Bienen, die 17, 13, 10 und 8 Tage alt waren.

---

[1] Es wird weiter unten in Abb. 6a und b bei der Schilderung der Zusammensetzung des Altvolkes eine graphische Darstellung über die Verteilung der verschieden alten Bienen in den beiden Volksteilen gegeben.

Von besonderem Interesse ist ferner, daß die toten Bienen an diesem und den nächsten beiden Tagen von dem Jungvolk nicht aus dem Stock getragen wurden. Auch das Flugloch blieb vollständig unbewacht. Diese Umstände werden erklärlich, wenn ich daran erinnere, daß das Reinhalten des Stockes normalerweise von Bienen der zweiten Periode im Stock übernommen wird, die im Jungvolk so gut wie ganz fehlten.

Lediglich die Brutpflegetätigkeit dieses Volksteiles blieb in den ersten beiden Tagen nach Versuchsbeginn *trotz der großen Futterknappheit uneingeschränkt im Gange.* Darüber geben am besten die schematischen Zeichnungen über das Aussehen der Versuchswabe an den aufeinander-

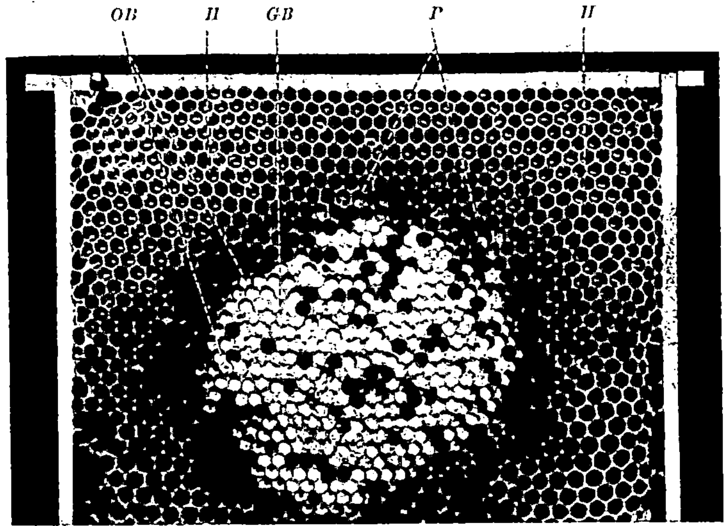

Abb. 4. Typische Brutwabe mit Brutnest in der Mitte und Pollen- und Honigvorratsgürtel.
OB = offene Brut, *GB* = gedeckelte Brut, *P* = Pollenvorratszellen, *H* = Honigvorratszellen.
(Aus v. FRISCH 1927.)

folgenden Versuchstagen Aufschluß, die in Abb. 5a und b auf S. 13 wiedergegeben sind.

Zur Erläuterung muß ich hierzu folgendes vorausschicken. Eine Brutwabe wird von der Bienenkönigin zuerst im Zentrum der Wabe mit Eiern versehen („bestiftet"). Von hier aus wird dann das Brutnest in immer größer werdenden konzentrischen Kreisen erweitert. Daher entwickeln sich die zentral gelegenen Eier zuerst zu Larven, deren Größe und Alter nach der Peripherie zu abnimmt. Für gewöhnlich bleibt der äußere Gürtel der Wabenzellen für die Pollen- und Honigvorräte frei. Eine solche typische Brutwabe zeigt die Abb. 4.

Aus den früher dargelegten Gründen gab ich dem Jungvolk eine Brutwabe, die keinen Vorratsgürtel besaß. Im zentralen Teil der Versuchswabe befand sich bei Versuchsbeginn ein Brutnest aus 1—2tägigen Larven, eingeschlossen von einem Eierkreis, wie aus Abb. 5a ersichtlich ist. Bis zum 26. VIII. waren die Larven der zentralen Zone alle ordnungsgemäß weitergepflegt, also jetzt 3—4tägig. Aus der zunächst konzentrisch anschließenden Eizone waren bis zu diesem Tage eine große Anzahl Larven geschlüpft und reichlich mit Futtersaft versehen worden. Überdies hatte die Königin einen weiteren konzentrischen Kreis von Wabenzellen mit Eiern bestiftet, so daß der Brutbestand des Jungvolkes am 28. VI. dem in Abbild. 5 b gegebenen Bilde entsprach.

Es war auffallend, in welchem Umfange und mit welchem Eifer das Jungvolk das Brutpflegegeschäft aufrecht erhielt. Das ist einmal damit zu erklären, daß in diesem Volksteil der Prozentsatz an Brutpflegebienen im Vergleiche zu dem eines normalen Volkes ein erheblich größerer war. Daß die Arbeiterinnen jedoch bei vollständig erschöpften Futtervorräten (verhungerte Bienen am 27. und 28. VI.) noch die Brut weiter versorgen konnten, legt die Vermutung nahe, daß der zur Brutpflege produzierte Futtersaft aus einem ·Reservestoffdepot stammte, welcher die versiegte Betriebsstoffzufuhr überdauern kann.

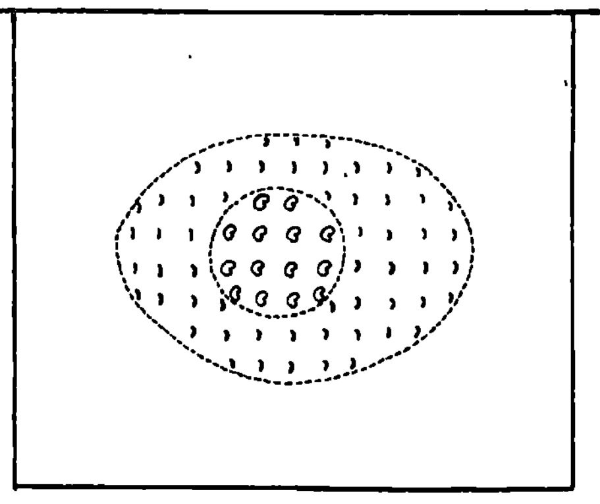

Abb. 5 a. Die Brutverhältnisse auf der Wabe des Jungvolkes zu Beginn des Versuches (26. VIII. 26).

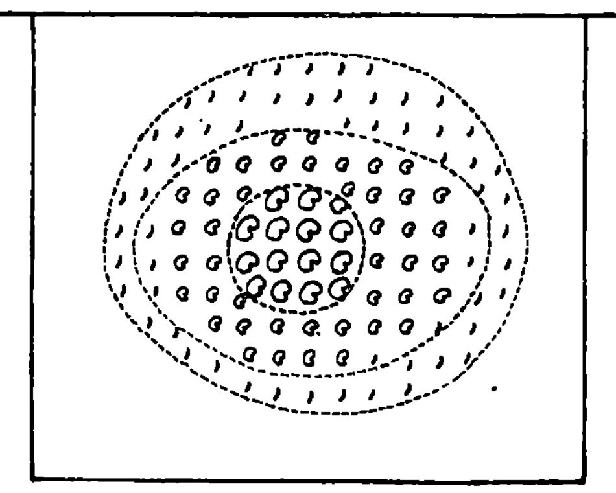

Abb. 5 b. Die Brutverhältnisse auf der Wabe des Jungvolkes = 2 Tage nach Versuchsbeginn (28. VIII.).

Als solche Reservequelle kommt wahrscheinlich nur der Fettkörper der Arbeiterinnen in Frage.

Am 1. und 2. Tag nach Versuchsbeginn (27. und 28. VIII.) unternahmen ganz wenige Arbeiter des Jungvolkes Orientierungsausflüge, bei denen sie wieder auf ihr Heimatflugloch *a* zurückkehrten. Natürlich vollzieht sich bei dieser Gelegenheit die immer noch nicht ganz erledigte Trennung zwischen Jungvolk und Altvolk. Noch immer flogen vereinzelte flugfähige Arbeiter zu Orientierungsflügen am Flugloch *a* des Jungvolkes ab und landeten später ganz automatisch an dem gewohnten Flugloch *b* des Altvolkes. Dort wurden solche Neuankömmlinge unbelästigt geduldet. Wir werden später bei der Bearbeitung der zweiten Frage noch von diesen zu reden haben und dort auch etwas über ihr Alter erfahren, von dem hier genügt zu wissen, daß es sich um Bienen der 2. Periode im Stocke (13—18 Tage alt) handelte.

Die Arbeiter des Jungvolkes ,die nach den Orientierungsflügen wieder auf ihr Heimatflugloch zurückfliegen, trugen alle die Gruppennummer 53—46, waren also am 27. VIII. 26 = 5—12 Tage alt, am 28. VIII.= 6 bis 13 Tage alt. Es handelt sich also keinesfalls um einen ungewöhnlichen Zeitpunkt für Orientierungsausflüge. Vielmehr fällt das Alter der Bienen, die im normalen Stock im Sommer zum erstenmal den Stock verlassen, genau mit der eben angegebenen Altersperiode der sich orientierenden Bienen des Jungvolkes zusammen (siehe 1925, S. 604/605, Tabelle 5 und 6),

Am 3. Versuchstag (29. VIII. 26) trat dann eine entscheidende Wendung im Verhalten des Jungvolkes ein. Die Futterknappheit hatte inzwischen katastrophalen Charakter angenommen, wie an dem erneuten Leichenfall festzustellen war. Auch junge, gänzlich flugunfähige Bienen waren auf der Suche nach Futter vors Flugloch geraten und zu Boden gefallen. Das ganze Brutpflegegeschäft war ins Stocken geraten, was zunächst daran festzustellen war, daß die jungen Larven „trocken lagen", wie der Imker sagt, also keinen Futtersaft mehr erhielten. *Vor allem aber in der Brutpflege der alten, jetzt etwa 4tägigen Larven im Zentrum der Brutwabe, die nun mit Honig und Pollen gefüttert werden sollten, machte sich die Futternot bemerkbar.* Diese alten Larven waren bei ihren Suchbewegungen nach Futter zum Teil aus den Brutzellen gekrochen, zum Teil wurden sie von den Bienen des Jungvolkes angenagt und vollständig ausgesogen.

Diese letzte Erscheinung ist typisch für den allgemeinen Hungerzustand eines Bienenvolkes und in der praktischen Imkerei wohl bekannt. Man hat.sich schon öfter gefragt, wie es zu erklären sei, daß die Brutpflegerinnen so unzweckmäßig verfahren und bei Futterknappheit zuerst die *alten* Larven verhungern lassen oder sie gar auffressen und aussaugen. Die Erklärung ist nach dem vorher Gesagten nicht schwer zu geben. Bei einer Futterknappheit versiegt zuerst der Vorrat an Honig und Pollen, der zur Ernährung der alten Larven nötig ist, wohingegen die Produktion des Futtersaftes (für die jungen Larven) als Körpersekret der Arbeiterinnen noch eine kurze Zeit aus Reservestoffen bestritten werden kann. Damit stimmt überein, daß bei einer späteren Wiederaufnahme des Brutpflegegeschäftes in erster Linie die noch vorhandenen alten Larven durch die inzwischen neuerschlossenen Pollen- und Honigquellen wieder gefüttert werden können, wohingegen die Aufzucht der jungen Larven erst später einsetzt, nachdem die Futtersaftproduktion durch den normalen Ernährungszustand der Arbeiterinnen wieder in Fluß gekommen ist.

Warum jedoch die alten Larven in solchen Fällen angenagt und ausgesogen werden, läßt sich mit Bestimmtheit nicht angeben. Zu vermuten ist, daß sie hochwertige Nahrung abgeben.

Ich erwog eben ein Abbrechen des Versuches mit negativem Ergebnis, als am Vormittag des 29. VIII. 26 unter den täglich sich orientierenden Bienen des Jungvolkes eine (ungezeichnete) Arbeiterin mit Pollenhöschen am Flugloch erschien und bald darauf eine numerierte Arbeiterin (45/2) offensichtlich als Nektarsammlerin heimkehrte und ihre Beute zuhause auf der Wabe verteilte. Schon nach 1—2 Stunden war die Zahl der sammelnden Bienen größer geworden. Es zeigte sich bald, daß die Nektarsammler fast ausschließlich auch einen künstlichen Futterplatz gefunden hatten, der in der nächsten Nähe zu anderen Versuchen unterhalten wurde.

Auf unsere eingangs aufgeworfene Frage, ob die jungen Stockbienen im Falle der Not auch die Sammeltätigkeit der alten Flugbienen übernehmen können, ist also unerwartet eine positive Antwort zu geben.

Wie die nachfolgende Tabelle 1 zeigt, war der plötzliche Übergang des Jungvolkes zum Sammelgeschäft innerhalb eines Tages ein relativ großer. Was uns zunächst interessiert, ist das in Tabelle 1 wiedergegebene Alter der Sammelbienen des Jungvolkes.

Tabelle 1.

Biene Nr.	Betätigt sich am 29. VIII. 26 als Sammelbiene, ist alt	Biene Nr.	Betätigt sich am 29. VIII. 26 als Sammelbiene, ist alt
45/2	15 Tage	50/8 ○	10 Tage
45/9	15 „	50/16 ○ −	10 „
46/8 ○	14 „	50/1 −	10 „
46/10 ○	14 „	50/15 −	10 „
46/5 ○	14 „	50/12 −	10 „
46/14	14 „	51/8	9 „
47/19	13 „	51/2	9 „
47/9 ○ −	13 „	51/16 −	9 „
48/10 −	12 „	52/1	8 „
48/16 −	12 „	52/9	8 „
49/4	11 „	52/15 −	8 „
50/18 −	10 „	53/13 ○ −	7 „

Wir sehen, daß alle Bienen zwischen 7 und 15 Tage alt sind. Wie abnorm früh dieser Zeitpunkt der Sammeltätigkeit liegt, können wir erst ermessen, wenn wir die Tabelle 1 im Vergleich zu den entsprechenden Daten eines normalen Bienenvolkes setzen. Ich habe bei der Schilderung der Arbeitsteilungsverhältnisse im normalen Bienenvolk (1925, S. 622) in einer Tabelle eine beliebige Anzahl Daten erster Trachtausflüge zusammengestellt, die von Bienen zwischen 10 und 34 Tagen ausgeführt wurden. Das aus den 36 dort angeführten Daten errechnete Durchschnittsalter der Bienen beim ersten Trachtausflug liegt bei 18 Tagen, wogegen der aus den 24 Daten der Tabelle 1 errechnete Durchschnitt bei 11,5 Tagen liegt.

Im einzelnen ist aus Tabelle 1 deutlich zu ersehen, daß *nicht etwa die ältesten Arbeiter des Jungvolkes*, die dem Alter nach den Sammelbienen „am nächsten stehen", *in die Sammeltätigkeit „aufrücken"*, wie man theoretisch hätte vermuten können, *sondern daß sich die Sammelschar gleichmäßig aus den verschieden alten Bienen des Volksteiles rekrutiert.* Dieses Ergebnis ist für unsere spätere allgemeine Betrachtung wichtig und daher festzuhalten.

Ich erwähnte oben, daß ein Teil der so früh zu Sammlern gewordenen Arbeiterinnen auf einer künstlich errichteten Futterstelle verkehrten. Dieser zufällige Umstand ergab die günstige Gelegenheit, über das Verhalten dieser Sammelbienen selbst alle wünschenswerten Einzelheiten zu beobachten. Es wäre immerhin denkbar gewesen, daß diese „frühreifen" Trachtbienen sich in ihrer Sammeltätigkeit irgendwie anders verhalten würden als alte Trachtbienen.

Durch die Untersuchungen von K. v. Frisch (1923) haben wir weitgehende Einblicke in das Benehmen der Sammelbienen auf ihren Trachtflügen und im Stock erhalten. Auf Grund dieser Untersuchungen wissen wir, daß die Feldbienen eine neuentdeckte reichliche Tracht im Stock durch „Werbetänze" mitteilen können, daß die Bereitschaft einer zur Zeit arbeitslosen Sammlerin durch ihr typisches Reagieren auf die Werbetänze zu erkennen ist und daß eine erfolgreiche Sammlerin draußen an der Trachtquelle durch Ausstülpen des Duftorgans ihre Stockgenossen anlocken kann. Wir wissen ferner, daß eine heimkehrende Sammlerin ihre mitgebrachte Nektartracht niemals selbst in die Vorratszellen trägt, sondern an bereitstehende Futterabnehmer abgibt. Es war also nun festzustellen, ob sich die abnorm jungen Sammler in den angeführten Punkten ebenso verhalten wie ihre normalen Genossen.

Meine Beobachtungen ergaben, daß die in Frage stehenden Arbeiterinnen [1] *sich bis in alle Einzelheiten so benehmen, wie wir es von normalen Sammelbienen kennen.* Die meisten führten schon am ersten Tage nach einer Anzahl von erfolgreichen Trachtflügen bei reichlicher Futterquelle ihre Werbetänze auf. In Tabelle 1 ist hinter der Nummer jeder Biene, bei der ich am *ersten* Tage Werbetänze beobachten konnte, ein ◯-Zeichen angebracht worden. Versiegt die Futterquelle für einige Zeit, so halten an der leeren Futterstelle von Zeit zu Zeit sogenannte Kundschafter Nachschau, die bei neuerlichem Erfolg ihre Sammelgruppe alarmieren. Auch diese Alarmierung ging ebenso sicher vonstatten, wie wir sie von

---

[1] Wie auch die später in Tabelle 4 aufgeführten.

normalen Trachtbienen her kennen. Ich habe in Tabelle 1 hinter die Nummer jeder Biene, von der ich festellen konnte, daß sie am *ersten* Tage auf den Tanz ihrer Genossen hin zum Futterplatz flog, ein — -Zeichen gemacht. Genau im selben Umfang wie bei alten Trachtbienen konnte an der reichlichen Futterquelle das Ausstülpen des Duftorgans beobachtet werden. Und von keiner der in Tabelle 1 angeführten Sammlerinnen konnte ich beobachten, daß sie ihre Beute selbst in die Vorratszellen gebracht hätte, dagegen von jeder einzelnen, daß sie das mitgebrachte Zuckerwasser an Futterabnehmer weitergab.

Es kann also keine Frage sein, daß diese jungen Arbeiter als *Sammelbienen* zu bezeichnen sind. Die Tatsache, daß sie sich auch psychisch wie Sammelbienen benehmen, gibt dazu noch ein besonderes Recht. Um so interessanter war es nun zu erfahren, ob diese jungen Trachtbienen auch ihrer Organisation nach die für normale Trachtbienen typischen Verhältnisse zeigen. In der Entwicklung der Futtersaft produzierenden Kopfspeicheldrüsen haben wir nach meinen früheren Untersuchungen (1925) ein sicheres Kriterium in der Unterscheidung einer Sammelbiene von einer brutpflegenden Stockbiene. Wie in der Einleitung zu diesem Kapitel (S. 4) dargelegt wurde, entwickelt sich die in der Kopfkapsel der Arbeiterin liegende „Futtersaftdrüse" etwa von dem dritten Tagalter der Arbeiterin an gewaltig, um dann in der Zeit des 6.—13. Tages, also in der Zeit der direkten Brutpflege, eine maximale Ausbildung zu erfahren. Nach dieser Brutpflegeperiode der Arbeiterin wird die Drüse rasch zurückgebildet, so daß eine etwa 18tägige Arbeiterin bereits degenerierte Futtersaftdrüsen hat. Auf jeden Fall sind die Drüsen der normalen Sammelbienen auf einem vollständig degenerierten Stadium anzutreffen.

Wie steht es nun mit den Futtersaftdrüsen der im Versuch so früh zu Sammelbienen gewordenen Arbeiterinnen? Von den in Tabelle 1 und 4 (siehe S. 15 und 21) aufgezählten Bienen wurden 7 Stück gefangen, nachdem ich mich zweifelsfrei von ihrer Sammeltätigkeit überzeugt hatte, fixiert und in Schnittpräparaten der Entwicklungszustand ihrer Futtersaftdrüsen untersucht.

In der nachfolgenden Tabelle 1a sind die entsprechenden Daten dieser sieben Stichproben zusammengestellt. Das Alter der untersuchten Sammelbienen liegt zwischen 6 und 14 Tagen. Wie aus Kolonne 5 der Tabelle hervorgeht, wurden die Bienen zum Teil sofort, d. h. noch am selben Tage des Beginns ihrer Sammeltätigkeit fixiert, zum anderen Teil erst nach 2—4 Tagen Sammeltätigkeit. In Kolonne 6 der Tabelle ist dann der Entwicklungszustand der Futtersaftdrüsen ausgedrückt.

Das Ergebnis dieser histologischen Untersuchungen ist eindeutig. Es besagt zunächst, daß die frühzeitig zu Sammelbienen werdenden Arbeiter ihre ersten Trachtausflüge mit Drüsen unternehmen, deren Entwick-

Tabelle 1 a.

1	2	3	4	5	6
Biene Nr.	Sammeltätigkeit seit	Fixiert am	Alter der Biene	Nach wieviel Sammeltagen	Futtersaftdrüse
56/9	4. IX. 26	4. IX. 26	10 Tage	$\frac{1}{2}$	voll entwickelt
1/5	4. IX. 26	4. IX. 26	6 „	$\frac{1}{2}$	voll entwickelt
54/8	2. IX. 26	2. IX. 26	10 „	$\frac{1}{2}$	voll entwickelt
53/9	31. VIII. 26	2.IX. 26	11 „	2	entwickelt
51/8	29. VIII. 26	2. IX. 26	13 „	4	degeneriert
52/2	29. VIII. 26	2. IX. 26	12 „	4	degeneriert
50/8	29. VIII. 26	2. IX. 26	14 „	4	degeneriert

lungszustand vollständig dem der Brutpflegerinnen entspricht. Es ist sicher nicht mißverständlich, wenn ich jetzt kurz sage: *Sie fliegen als Brutpflegerinnen auf Tracht aus*, also keineswegs unter den ursprünglich angenommenen physiologischen Bedingungen einer degenerierten Futtersaftdrüse. Diese Tatsache entzieht der früher besonders von GERSTUNG (1927) angenommenen These, daß die Tätigkeit der Arbeiter, ja das ganze Programm der Arbeitsteilung im Bienenstaat durch den *jeweiligen anatomisch-physiologischen Zustand der Arbeiterinnen diktiert sei*, jede Grundlage. Darüber soll jedoch erst später (Kapitel D) im Zusammenhang abgehandelt werden.

Die weiteren Daten der Tabelle 1a zeigen jedoch mit derselben Deutlichkeit, daß die jungen Sammelbienen bereits vollständig degenerierte Futtersaftdrüsen haben, wenn sie nur 4 Tage lang auf Tracht geflogen sind, und zu diesem Zeitpunkt kaum älter sind als ihre Genossen, die im normalen Volk eben den Brutpflegedienst verlassen. Daraus ist dann sogar das Gegenteil von der soeben kritisierten These zu folgern, nämlich, daß der spontanen Umstellung zur Trachtbiene eine entsprechende anatomisch-physiologische folgen kann.

Zu sagen bleibt noch einiges über die übrigen Tätigkeiten des Jungvolkes, besonders über die Brutpflegetätigkeit. Nachdem durch diese ersten Trachtbienen am 29. VIII. die größte Futterknappheit behoben war und in den folgenden Tagen bei guter Tracht weiterhin behoben wurde, nahm das Jungvolk sein Brutpflegegeschäft sofort wieder auf, freilich in erheblich beschränktem Maße, entsprechend der nun für die Brutpflege zur Verfügung stehenden Individuen und dem von den übrigen Arbeitern herbeigeschafften Futter, wogegen in den Tagen vorher der weitaus größte Teil des Jungvolkes diese Tätigkeit ausübte. Das drückt sich darin augenscheinlich aus, daß nach dem 29. VIII. trotz des neuerschlossenen Futters nur etwa ein Drittel der vorhandenen alten Larven weitergepflegt wurden. Auch die später wieder einsetzende Fütterung der jungen Larven mit Futtersaft erstreckt sich (aus den oben S. 13 er-

wähnten Gründen) auf etwa ein Drittel der früheren Larven. Nicht als
ob die „Brutkreise" in ihrer Ausdehnung eingeschränkt worden wären;
die Bruteinschränkung vollzog sich vielmehr so, daß „lückenhaft" gepflegt wurde, d. h. nicht jede der neben und übereinander liegenden Brutzellen enthielt eine Larve, was der Imker im Gegensatz zu einer „geschlossenen" Brutwabe eine „Schrotschuß-Brutwabe" nennt.

Nun interessiert hier besonders zu erfahren, wie alt die *Brutpflegerinnen* des Jungvolkes waren. Ich gebe daher in der folgenden Tabelle 2

Tabelle 2.

Biene Nr.	Pflegt Brut am 29. VIII. 26 ist alt	Biene Nr.	Pflegt Brut am 29. VIII. 26 ist alt
48/2	12 Tage	51/12	9 Tage
49/11	11 „	53/20	7 „
50/4	10 „	53/6	7 „
50/7	10 „		

einige Daten von beobachteter Brutpflege am 29. VIII., also vom glei-
chen Tage, von dem die in Tabelle 1 verzeichneten Trachtausflüge stammen. Diese Daten sind im Vergleich mit Tabelle 1 besonders wichtig, da
sie das Alter der Brutpfleger dem Alter der Trachtbienen des Jungvolkes
gegenüberstellen.

Aus dieser Tabelle geht hervor, daß das Alter der *Brutpflegerinnen* des
Jungvolkes das gleiche ist wie das Alter der *Trachtbienen*. Daß es mit
dem Alter der Brutpflegerinnen im normalen Bienenvolk übereinstimmt,
ist selbstverständlich und bedürfte keiner besonderen Erwähnung, wenn
nicht damit zugleich auch erklärt werden könnte, warum keine Arbeiterin über 12 Tage beim Brutpflegen angetroffen wurde. Die Tabelle
zeigt aber darüber hinaus noch, daß die Brutpflegedaten nicht den ver-
frühten Trachtausflügen entsprechend früher angesetzt sind, wie man
theoretisch erwarten könnte.

Im Jungvolk ist also *nicht* eine zeitliche Verschiebung der Arbeitskette unter Beibehaltung der üblichen Reihenfolge eingetreten. *Die gestellte Aufgabe wurde vielmehr so gelöst, daß sich dieser Volksteil in gleichaltrige Arbeitsgruppen gespalten hat, die nun nebeneinander Funktionen
übernehmen, die normalerweise von verschieden alten Gruppen, also hintereinander ausgeführt werden.*

Das kann weiterhin noch durch die folgende Tabelle 3 bestätigt wer-

Tabelle 3.

Biene Nr.	Nimmt am 29. VIII. 26 Futter ab, ist alt	Biene Nr.	Nimmt am 29. VIII. 26 Futter ab, ist alt
49/13	11 Tage	52/9	8 Tage
50/15	10 „	52/16	8 „
51/14	9 „	52/3	8 „

den, in der einige Daten über das Alter der Futterabnehmer am 29. VIII.
aufgeführt werden.

Auch die Futterabnehmer gehören denselben Altersgruppen an wie
die Brutpflegerinnen einerseits und die Trachtbienen andererseits.

Es wäre jedoch falsch anzunehmen, daß nun ein und dieselbe Biene
die drei hier besprochenen Funktionen *zugleich* ausüben würde. Das beweisen schon die drei Tabellen, die Beobachtungen desselben Tages
wiedergeben. In keiner der drei Tabellen kehrt dieselbe Biene zweimal
wieder, und die übrigen Beobachtungen bestätigen dies. *Trotz gleichem
Alter herrscht reinliche Scheidung innerhalb der einzelnen Tätigkeitsbereiche.*

Diese „*Arbeitsteilung in gleichaltrige Kasten*" wurde nun von dem Jungvolk für die nächste Zeit unverändert beibehalten. Die in den folgenden
Tagen neuerlich zum Sammeldienst übergehenden Arbeiter gehörten derselben Altersstufe an wie die, deren Daten in Tabelle 1 aufgeführt wurden.
Unter ihnen befanden sich am 4. und 5. IX. 26 sogar 6tägige Arbeiter als
die jüngsten Sammelbienen. In der folgenden Tabelle 4 sind die gezeichneten Arbeiter aufgezählt, die in den folgenden Tagen zu Sammelbienen
wurden, sei es, daß sie ebenfalls auf die oben erwähnte künstliche Futterstelle fanden, natürliche Nektarquellen entdeckten oder sich als Pollen-
sammler betätigten.

Die Tabelle 4 zeigt aber auch, *daß das Alter der zum Sammeldienst
übergehenden Arbeiterinnen* (besonders am 8. IX. 26) *von Tag zu Tag
wieder ein größeres wird.* Neben den Einzeldaten zeigen das besonders die
für jeden Tag eingesetzten Durchschnittsalter. Das Jungvolk schickt
also *neben* den abnorm jungen bei genügendem Nachwuchs wieder normal
alte Bienen zum Sammeldienst aus.

Der Vollständigkeit halber sei erwähnt, daß das Jungvolk (welches
nach dem Versuch noch 4 Wochen lang beobachtet wurde) auch auf den
anderen Tätigkeitsgebieten die „Arbeitsteilung in gleichaltrigen Kasten"
bei weiterer Entwicklung wieder verlassen hatte und allmählich wieder
zur „normalen" Arbeitsteilung überging.

Ich hatte bei den weiteren Beobachtungen besonders darauf geachtet,
ob nun die am 29. VIII. und späterhin „zu früh" zu Trachtbienen gewordenen Arbeiter wieder zu Stockbienentätigkeit zurückkehren, nach-
nachdem das Jungvolk wieder über normalen Nachwuchs verfügte. *Das
trat in keinem Falle ein.* Diese Sammelbienen übten ihre Tätigkeit
ohne jeden weiteren Arbeitswechsel weiter aus, wie wir es von alten
Sammelbienen kennen.

Dieser Ausgang des Versuches, *welcher zeigt, daß im Bienenvolk unter
den skizzierten Zwangsverhältnissen junge Stockbienen vorzeitig zu Trachtbienen werden können*, war für mich unerwartet. Vor allem deshalb, weil
in der Literatur eine Angabe vorlag, die das Gegenteil behauptet. So hat
schon v. BERLEPSCH, der in großen Zügen die Hauptfunktionen der

Tabelle 4.

Biene Nr.	Wird zur Sammlerin am	Ist alt an diesem Tage	Durchschnittsalter
45/8	31. VIII. 26	17 Tage	
52/16	,,	10 ,,	
52/19	,,	10 ,,	
53/9	,,	9 ,,	
53/2	,,	9 ,,	10,1 Tage
53/15	,,	9 ,,	
53/3	,,	9 ,,	
54/7	,,	8 ,,	
49/14	1. IX. 26	14 Tage	
52/10	,,	11 ,,	
52/7	,,	11 ,,	10,7 Tage
56/6	,,	7 ,,	
51/10	2. IX. 26	13 Tage	
51/14	,,	13 ,,	
54/8	,,	10 ,,	11,1 Tage
55/15	,,	9 ,,	
52/6	4. IX. 26	14 Tage	
56/11	,,	10 ,,	
56/9	,,	10 ,,	10,0 (11,3) Tage
1/5	,,	6 ,,	
51/5	5. IX. 26	16 Tage	
52/5	,,	15 ,,	
52/4	,,	15 ,,	
52/20	,,	15 ,,	
52/17	,,	15 ,,	
54/15	,,	13 ,,	12,3 Tage
55/19	,,	12 ,,	
55/18	,,	12 ,,	
57/17	,,	10 ,,	
1/13	,,	7 ,,	
2/2	,,	6 ,,	
51/11	8. IX. 26	19 Tage	
52/14	,,	18 ,,	
53/10	,,	17 ,,	
54/11	,,	16 ,,	
54/7	,,	16 ,,	
56/18	,,	14 ,,	13,3 Tage
57/2	,,	13 ,,	
57/11	,,	13 ,,	
58/4	,,	12 ,,	
58/16	,,	12 ,,	

Tabelle 4 (Fortsetzung).

Biene Nr.	Wird zur Sammlerin am	Ist alt an diesem Tage	Durchschnittsalter
59/1	8. IX. 26	11 Tage	
59/2	„	11 „	
59/8	„	11 „	13,3 Tage
1/1	„	10 „	
1/11	„	10 „	
1/12	„	10 „	

jungen und alten Arbeiter im Bienenstock kannte, sich die Frage vorgelegt (1869, S. 175): „ . . . können die jungen Bienen, wenn bei Absenz aller alten die Not es erfordert, früher als sie es nach naturgemäßer Regel tun, ausfliegen und Honig, Wasser, Pollen, Kitt sammeln?" Seine Antwort lautete: „Nein, sie können es nicht." Auch v. BERLEPSCH stellte nach dem Prinzip der Fluglingbildung einen flugunfähigen Volksteil her, dessen Wohnung er mit leeren Waben, also ohne Brut ausstattete. Seiner Schätzung nach waren die ältesten Bienen seines Jungvolkes, die allerdings nicht markiert waren, etwa 11 Tage alt. Auch v. BERLEPSCH konnte schon am ersten Tage nach Versuchsbeginn einen Totenfall seines Jungvolkes feststellen, glaubte jedoch, daß damit genügend bewiesen sei und brach den Versuch mit „negativem" Ergebnis ab.

Der oben geschilderte Versuch, der anfänglich denselben Verlauf nahm, zeigte jedoch, daß dieses Urteil v. BERLEPSCHS zum mindesten als verfrüht bezeichnet werden muß, wenngleich ich damit nicht behaupten möchte, daß v. BERLEPSCH bei seinen *Versuchsbedingungen* zum selben Ergebnis hätte kommen *müssen* wie ich. Dem Umstand, daß (bei meinen Versuchen) das Jungvolk nicht nur für „sich selbst", sondern auch für die überdies vorhandene Brut Futter herbeizuschaffen hatte, ist für den Ausgang des Versuches sicher eine Bedeutung beizumessen. Darüber wird später noch einiges zu sagen sein.

In neuerer Zeit hat dann FRANKLIN C. NELSON (1927) im Anschluß an meine erste Veröffentlichung über die Arbeitsteilung im Bienenstaat (1925) einige Versuche ausgeführt, die zeigen sollen, wie sich „junge Bienen an veränderte Bedingungen anpassen". NELSON brachte eine größere Menge frischgeschlüpfter, junger Bienen allein in einen Beobachtungskasten. In drei aufeinanderfolgenden Versuchen wurden jeweils solchen jungen Arbeiterinnen einmal nur eine Wabe mit Honig, das zweitemal eine ganz leere Wabe, und das drittemal nur eine Mittelwand[1] zur Verfügung gestellt. In allen drei Versuchen wurden jedoch die jungen Bienen ständig mit Zuckerwasser gefüttert. NELSON wollte in erster

---

[1] In der praktischen Imkerei unterstützt man die Bautätigkeit der Bienen, indem man ihnen Mittelwände (sogenannte Kunstwaben) gibt, das sind dünne Wachsblätter in Wabengröße mit eingeprägten Wabenzellenanfängen.

Linie in Erfahrung bringen, ob die jungen Bienen auch ohne „Anleitung"
der Alten die Tätigkeiten wie Brutpflege, Baugeschäft und Sammeln ausüben können, dann aber auch, ob und wann sie sie überhaupt ausüben
können.

Wie man sieht, können die NELSONschen Versuche nur zum Teil zur
Diskussion der hier aufgeworfenen Frage beitragen und verfolgen zum
anderen Teil andere Probleme, die uns später noch beschäftigen werden.
Wichtig ist daher in diesem Zusammenhang nur die Feststellung NEL-
SONS, daß bei Abwesenheit alter Sammelbienen auch junge Arbeiterinnen
frühzeitig, etwa vom 8.—10. Lebenstag an, zu Trachtbienen werden
können. Unsere Beobachtungen stimmen also mit diesen Erfahrungen
gut überein.

2. Frage: Können ältere Bienen im Zwangsfalle wieder zur Brutpflegetätigkeit der jungen Stockbienen zurückkehren?

Erinnern wir nochmals daran, daß wir zur Entscheidung dieser Frage
das so bezeichnete *Altvolk* beobachteten, und daß sich in diesem Volksteil
alle flugfähigen Arbeiterinnen des Versuchsvolkes am alten Flugloch
sammelten, nachdem der Beobachtungskasten in der früher beschriebenen
Weise gedreht worden war. Der Imker bezeichnet einen solchen Volksteil, entsprechend der Methode seiner Bildung auch als „Flugling". Daß
die Zusammensetzung unseres Altvolkes oder Fluglings nicht ganz dem
entspricht, was wir gern theoretisch fordern möchten, wurde oben (siehe
S. 6) angedeutet. Hier gilt es daher zunächst zu zeigen, aus welchen
Altersgruppen dieser Volksteil zusammengesetzt war.

Wir wissen jetzt, daß die Arbeiter eines Bienenvolkes schon mit
5—6 Tagen einen ersten Ausflug unternehmen können. Doch ist dieser
Termin, der in erster Linie von einer günstigen Witterung abhängt, so
variabel, daß unter Umständen eine Arbeiterin auch etwa 13 und mehr
Tage alt werden kann, ehe sie zum erstenmal den Heimatstock zu einem
Orientierungsausflug verläßt. Aber weder die 5tägige noch die 13tägige
ist eine auf ihr Flugloch *eingeflogene* Biene, nachdem sie den ersten oder
die ersten Ausflüge hinter sich hat. Die Beobachtung lehrt, daß sich
dieses Einfliegen beim täglichen „Vorspiel" der jungen Bienen ganz allmählich vollzieht, indem nicht nur immer größere Bezirke der Umwelt
optisch aufgenommen, sondern die bereits bekannten durch wiederholtes
Kennenlernen vertrauter werden.

Wie ungenau die jungen Bienen bei den ersten Ausflügen über das
Aussehen ihres Heimatflugloches „orientiert" sind, das zeigen die Versuche von RAUSCHMEYER (1928) über das Verfliegen dieser Bienen.
RAUSCHMEYER konnte zeigen, daß junge Arbeiterinnen bei ihren Orien-
tierungsausflügen das deutlich farbig markierte Flugloch ihres Heimatstockes mit anderen, andersfarbigen Fluglöchern fremder Stöcke, die da-

neben aufgestellt waren, in erheblichem Maße verwechseln, während eingeflogene und vor allem Trachtbienen unbedingt sicher heimfinden. Er konnte weiter feststellen, daß dieses Verfliegen in dem Maße aufhört, in welchem die jungen Arbeiterinnen durch Wiederholung ihrer Orientierungsausflüge, d. h. mit fortschreitendem Alter, sicherer werden.

Damit ist zu erklären, warum wir im eingeflogenen Altvolk Arbeiter antreffen, deren Alter zum allergrößten Teil über dem Zeitpunkt liegt, den wir als Zeitpunkt der „Flugfähigkeit" der Arbeiterinnen ansetzen können. Hier zeigt sich also ein Unterschied zwischen *flugfähigen* und *eingeflogenen* Arbeiterinnen insofern, als ein großer Teil der noch nicht eingeflogenen, flugfähigen Bienen nach dem Verstellen der Bienenwohnung (in unserem Falle nach dem Umdrehen des Beobachtungskastens) sich auf das neue Flugloch einflogen, also beim Jungvolk blieb, während nur die *eingeflogenen* Arbeiter, die das Flugloch ohne Vorspiel pfeilartig verlassen, sicher an der gewohnten Fluglochstelle landeten.

Bei einer Revision am Tage nach Versuchsbeginn (27. VIII.) stellte ich fest, daß die jüngste, gezeichnete Biene des Altvolkes 8 Tage alt war. Es ist hier dasselbe zu wiederholen, was oben bei der Zusammensetzung des Jungvolkes gesagt wurde. Aus der 20er Gruppe der 8tägigen Arbeiter waren nur zwei Stück in diesem Volksteil; die Zahl der nächst älteren nahm dann fortschreitend zu. Im Zusammenhang mit den entsprechenden Feststellungen beim Jungvolk gebe ich in den Abb. 6a und b ein schematisches Zahlenbild über die Verteilung der gezeichneten Bienen im Jung- und Altvolk. Aus diesen graphischen Darstellungen geht bildlich hervor, was früher schon gesagt wurde: durch die Fluglingbildung wurde unser Versuchsvolk nicht so geteilt, daß ein entscheidendes Tagalter festzulegen wäre, von dem aus die älteren Arbeiter sich im einen, die jüngeren Arbeiter im anderen Volksteil gesammelt hätten. Die Trennung vollzog sich vielmehr innerhalb eines Gebietes, das zwischen dem 8. und 18. Tagalter der Arbeiterinnen des Versuchsvolkes liegt. Durch die Schemazeichnungen Abb. 6a und b soll veranschaulicht werden, wie die Zahlenverhältnisse innerhalb dieses Trennungsgebietes liegen. Im Jungvolk nimmt die Zahl der gezeichneten Bienen, die beim Versuch älter als 8 Tage waren, stetig ab bis zur ältesten, die 18 Tage alt war. Von der 20er Gruppe der 13—14tägigen, gezeichneten Arbeiter waren z. B. nachweislich etwa die Hälfte in dem einen, die andere Hälfte in dem anderen Volksteil.

Der Wohnraum des Altvolkes wurde mit einer Wabe ausgestattet, die in Abb. 7a (s. S. 27) schematisch dargestellt ist. Der Wabeninhalt bestand zu einem Drittel aus junger (offner) Brut vom Eistadium bis zur alten, ungedeckelten Larve, zum zweiten Drittel aus gedeckelten Larven und Puppen und zum dritten Drittel aus Honig und Pollenvorräten. Obwohl mit Bestimmtheit anzunehmen war, daß sich das Altvolk bei der augen-

blicklich herrschenden Tracht leicht selbst verproviantieren konnte, legte
ich bei der Auswahl der Versuchswabe Wert auf einen Honig- und Pollen-
vorrat, weil im anderen Falle — bei fehlenden Vorräten — das etwa ein-
tretende Verweigern des Brutgeschäftes so gedeutet werden könnte, als

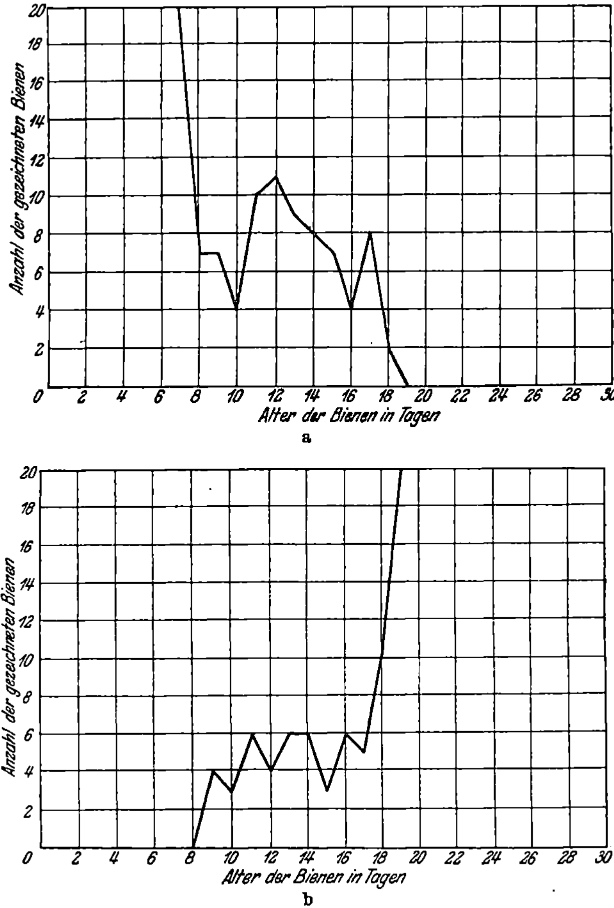

Abb. 6a und b. Graphische Darstellung über die Verteilung der gezeichneten Bienen nach dem
Alter im Jungvolk (a) und im Altvolk (b) nach der Fluglingbildung.

ob die Flugbienen durch das Einsammelnmüssen „keine Zeit" gehabt
hätten, sich der Brutpflege zu widmen.

Das Altvolk sollte also zeigen, ob es noch in der Lage ist, Brut zu
pflegen. Überblickt man die in Abb. 6b dargestellte Zusammensetzung
des Altvolkes, so wird man bei der Anwesenheit von jungen Bienen des
Brutpflegealters — wenn auch an Zahl gering — auf diese Frage von
vornherein eine bejahende Antwort erwarten. Der Verlauf des Versuches
in den ersten Tagen bestätigte diese Erwartung eindeutig. *Schon kurz*

nach der Bildung des Altvolkes machten sich seine jüngsten Glieder an die Pflege eines Teiles der vorhandenen Larven. Die in der folgenden Tabelle 6 aufgeführten Daten beziehen sich auf diese ersten 3 Versuchstage.

Bei der Feststellung der Brutfütterdaten wurde wiederum wie früher (1925) vorgegangen: Neben einem Eintragen der Nummer der betreffenden Brutpflegerin ins Protokollbuch wurde gleichzeitig über der Larvenzelle, an der die Fütterung vorgenommen wurde (an der Glasscheibe des Beobachtungskastens) eine Marke angebracht, mit deren Hilfe dann weiter festgestellt werden konnte, wann die betreffende Larve gedeckelt, also 6 Tage alt war. Aus diesem Zeitpunkt der Verdeckelung läßt sich dann das Alter der Larve an ihrem Fütterungstag rückschließend errechnen.

Tabelle 6.

Biene Nr.	Pflegt am	Zelle Nr.	Zelle gedeckelt am	Alter d. L. am Füttertag	Alter d. B. am Füttertag
49/18	26. VIII. 26	49/18/1	30. VIII.	2 Tage	8 Tage
49/18	„	49/18/2	30. VIII.	2 „	8 „
47/10	„	47/10/1	28. VIII.	4 „	10 „
45/13	„	45/13/1	28. VIII.	4 „	12 „
45/13/2	„	45/13/2	30. VIII.	2 „	12 „
44/18	„	44/18/1	30. VIII.	2 „	13 „
49/18	27. VIII. 26	49/18/3	30. VIII.	3 Tage	9 Tage
49/18	„	49/18/4	30. VIII.	3 „	9 „
48/19	„	48/19/1	31. VIII.	2 „	10 „
47/8	28. VIII. 26	47/ 8/1	31. VIII.	3 Tage	12 Tage

Wie man aus Tabelle 6 ersieht, wurden an diesen ersten 3 Versuchstagen nur junge Larven bis zum 4. Larventag gefüttert, obwohl natürlich auch ältere Larven bis zum Verpuppungsstadium vorhanden waren. Diese Erscheinung entspricht dem, was wir bereits über den Brutpflegedienst im Bienenvolk wissen: Die jungen Larven werden lediglich von den älteren Brutpflegerinnen zwischen dem 6. und 13. Tagalter versorgt, die alten Larven dagegen von den jungen, eben zum Brutpflegedienst übergehenden Arbeiterinnen gefüttert. Da jedoch in unserem Altvolk keine jüngeren als 8tägige Bienen vorhanden waren, blieben die alten Larven der Versuchswabe ungepflegt.

Überhaupt war die Brutpflegetätigkeit im Altvolk — im Vergleich zum gleichzeitig zu beobachtenden Jungvolk — ungewöhnlich spärlich und nahm von Tag zu Tag mehr ab, obwohl eine legetüchtige Königin dauernd in gleichem Maße für Eier sorgte. Von den bei Versuchsbeginn vorhandenen Larven kamen in den nächsten 4 Tagen nur ganz vereinzelte zur Verdeckelung. Die übrigen wurden herausgeworfen oder trockneten in der Brutzelle ein. Damit ist auch die geringe Zahl von Brutfütterdaten der Tabelle 6 zu erklären. Ich hatte während der angegebenen Zeit wohl noch etwa 30 weitere Fütterungen an Larven durch gezeichnete Bienen beobachtet, kann jedoch diese Daten in der Tabelle nicht verwenden, da die gefütterten Larven später nicht weitergepflegt wurden und so ihr Alter nicht genau anzugeben war.

Am 3. Tage nach Versuchsbeginn (29. VIII. 26) wurden nur noch ganz vereinzelt junge Larven weitergefüttert, ausschlüpfende Eier wurden nicht mehr in Pflege genommen. Am 5. Tage nach Versuchsbeginn (31. VIII. 26) waren demgemäß nur noch etwa 20 alte Larven auf der Versuchswabe, deren Bild der schematischen Zeichnung in Abbild. 7b entspricht.

Auffallend war jedoch jetzt schon, daß zum Schluß überhaupt noch *alte* Larven weitergepflegt wurden, ja dafür sogar eine Vorliebe zu bestehen schien, die allerdings aus den vorhin erwähnten Gründen tabellarisch nicht zur Darstellung gebracht werden kann. Ich hatte Gründe genug, vorläufig das Folgende anzunehmen: Bei der Art der Bildung des Altvolkes war es unvermeidlich, daß junge Bienen des Brutpflegealters

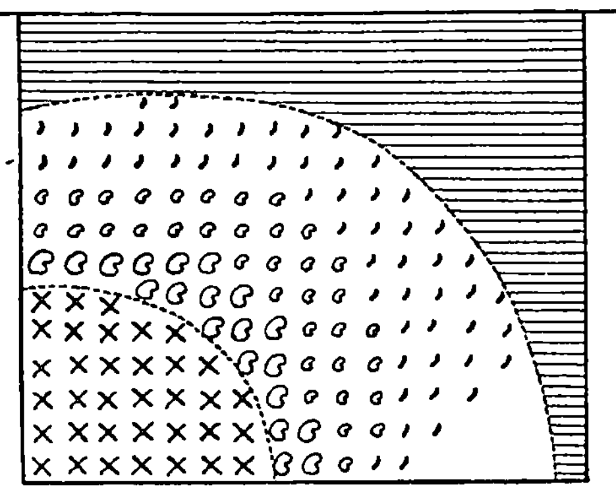

Abb. 7a. Die Brut- und Futterverhältnisse auf der 1. Wabe des Altvolkes zu Beginn des Versuches (26. VIII. 26).

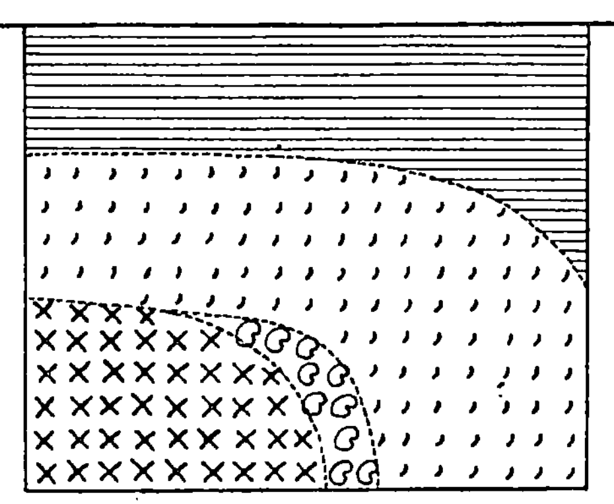

Abb. 7b. Die Brut- und Futterverhältnisse auf der 1. Wabe des Altvolkes = 4 Tage nach Versuchsbeginn (30. VIII.).

mit in den Volksteil kamen; *auf deren Tätigkeit ist es zurückzuführen, daß ein geringer Teil der vorhandenen Brut „mit Mühe und Not" weitergefüttert und* (zum Schlusse mehr als zu Anfang) *zur Verdeckelung gebracht* wurde. Die Tendenz zur Brutpflege war beim Altvolk also erwartungsgemäß gering, wohingegen die Sammeltätigkeit in vollem Umfang weiter ausgeübt wurde, so daß die Honig- und Pollenvorräte auf der Versuchswabe sichtlich zunahmen.

Mit dieser Feststellung ist jedoch die Frage dieses Abschnittes keineswegs gelöst, ja noch nicht einmal in Angriff genommen. Daß junge Bienen im Alter von 8—13 Tagen Brut pflegen können, ist uns nicht neu. Nachdem jedoch jetzt die aus Gründen der Versuchstechnik (Fluglingbildung) ins Altvolk geratenen jungen Bienen die Brutpflegeperiode „normal" absolviert haben, *ist erst die Grundlage für unseren eigentlichen Versuch unter methodisch einwandfreien Bedingungen gegeben.* Nun erst ist unser Versuchsvolk auf dem Stadium, an das wir sinnvoll die Frage stellen können, ob ältere Arbeiterinnen im Zwangsfalle wieder zur Brutpflegetätigkeit der jungen Stockbienen zurückkehren können.

Am 31. VIII. 26 (also 5 Tage nach Versuchsbeginn) wurde dem Altvolk eine neue Brutwabe zur Verfügung gestellt, über deren Zustand die Abb. 8a Aufschluß gibt. Die Wabe beherbergte auf beiden Seiten in typischer Anordnung offene Brut in allen Stadien, beginnend im Zentrum der Wabe mit alten Larven, die kurz vor der Verdeckelung standen. Nach der Peripherie hin enthielt die Wabe in den üblichen konzentrischen Kreisen jünger werdende Larven und Eier. Das

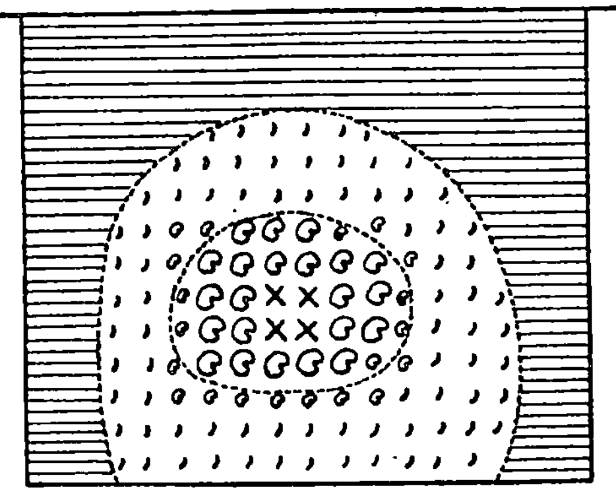

Abb. 8a. Die Brut- und Futterverhältnisse auf der 2. Wabe des Altvolkes = 5 Tage nach Versuchsbeginn (31. VIII. 26).

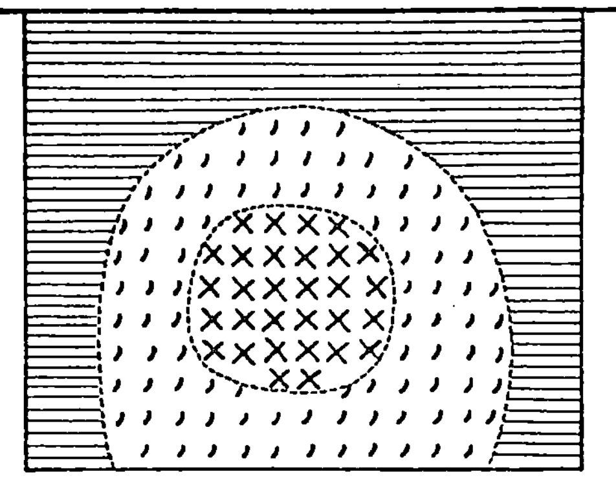

Abb. 8b. Die Brut- und Futterverhältnisse auf der 2. Wabe des Altvolkes = 8 Tage nach Versuchsbeginn (3. IX. 26).

ganze Brutnest war auch hier eingeschlossen von einem typischen „Vorratsgürtel", d. h. von Honig- und Pollenzellen.

Die Brutpflege, die das Altvolk an dieser neuen Versuchswabe entfaltete, war eine ganz unerwartete. Nicht allein in bezug auf die Anzahl der Larven, die jetzt gefüttert wurden, sondern vor allem in bezug auf das Alter der Larven. In Tabelle 7 habe ich in der üblichen Weise die Fütterdaten zusammengestellt, die ich in den beiden folgenden Tagen (31. VIII. und 1. IX. 26) beobachten konnte.

Tabelle 7.

Biene Nr.	Pflegt am	Zelle Nr.	Zelle gedeckelt am	Alter d. L. am Füttertag	Alter d. B. am Füttertag
46/1	31. VIII.	46/1/1	1. IX.	5 Tage	16 Tage
45/5	„	45/5/1	2. IX.	4 „	17 „
45/16	„	45/16/1	2. IX.	4 „	17 „
44/11	„	44/11/1	2. IX.	4 „	19 „
49/7	1. IX.	49/7/1	3. IX.	4 Tage	14 Tage
48/15	„	48/15/1	2. IX.	5 „	15 „
45/13	„	45/13/1	2. IX.	5 „	18 „
45/20	„	45/20/1	2. IX.	5 „	18 „
43/16	„	43/16/1	2. IX.	5 „	21 „
42/11	„	42/11/1	2. IX.	5 „	22 „
36/3	„	36/3/1	2. IX.	5 „	28 „
36/6	„	36/6/1	2. IX.	5 „	28 „
36/6	„	36/6/2	2. IX.	5 „	28 „

Aus dieser Tabelle geht eindeutig hervor, *daß von den Bienen jetzt ausschließlich alte Larven, die kurz vor der Verdeckelung standen, gefüttert wurden.* Von den vorhandenen jungen Larven war bis zum 1. IX. keine einzige weitergepflegt worden. In der zentralen Partie der Wabe war dagegen ein großer Teil alter Larven gedeckelt. An Stelle der jungen Larven, die aus den Wabenzellen entfernt wurden, hatte die Königin bereits wieder frische Eier abgelegt. Dadurch waren auf der Wabe nur noch gedeckelte Brutzellen und solche mit Eiern anzutreffen, wie dies auf der schematischen Abb. 8b dargestellt wird.

Am 2. IX. wurde dann die Brutpflegetätigkeit auf der Versuchswabe vollständig eingestellt. Ich wollte mich eben mit dem Gedanken abfinden, daß die Bienen des Altvolkes nur noch fähig gewesen seien, alte Larven mit Honig und Pollen zu versehen und die Larvenzellen zu verdeckeln. An eine erneute Produktion von Futtersaft zur Fütterung von jungen Larven war um so weniger zu denken, als inzwischen die jüngsten Bienen des Altvolkes jetzt dem Alter nach alle die normale Brutpflegeperiode (zum Teil sogar erheblich) überschritten hatten.

Um so größer war meine Überraschung, als die Bienen am 3. IX. und besonders am 4. IX. das Brutgeschäft wieder aufnahmen. Inzwischen waren aus den Eiern der äußeren Region der Versuchswabe (siehe Abb. 8a) Larven geschlüpft, die sofort reichlich mit Futtersaft versehen wurden. Wie die nachfolgende Tabelle 8 zeigt, *wurden bei der wiederum einsetzenden Brutpflegetätigkeit des Altvolkes ebenso ausschließlich junge Larven gefüttert.*

Diese Erscheinung, daß von den Arbeiterinnen *zuerst alte Larven ge-*

Tabelle 8.

Biene Nr.	Pflegt am	Zelle Nr.	Zelle gedeckelt am	Alter d. L. am Füttertag	Alter d. B. am Füttertag
49/7	4. IX.	49/7/1	8. IX.	2 Tage	17 Tage
48/15	,,	48/15/1	8. IX.	2 ,,	18 ,,
48/20	,,	48/20/1	9. IX.	1 ,,	18 ,,
46/4	,,	46/4/1	8. IX.	2 ,,	20 ,,
46/4	,,	46/4/2	8. IX.	2 ,,	20 ,,
45/20	,,	45/20/1	8. IX.	2 ,,	21 ,,
44/3	,,	44/3/1	9. IX.	1 ,,	23 ,,
43/14	,,	43/14/1	9. IX.	1 ,,	24 ,,
42/11	4. IX.	42/11/1	7. IX.	3 Tage	25 Tage
41/7	,,	41/7/1	9. IX.	1 ,,	26 ,,
41/x	,,	41/x/1	8. IX.	2 ,,	26 ,,
39/20	,,	39/20/1	9. IX.	1 ,,	28 ,,
37/11	,,	37/11/1	7. IX.	2 ,,	30 ,,
36/5	,,	36/5/1	8. IX.	2 ,,	31 ,,
34/5	,,	34/5/1	7. IX.	3 ,,	33 ,,
36/3	,,	36/3/1	9. IX.	1 ,,	31 ,,
31/3	,,	31/3/1	8. IX.	2 ,,	36 ,,
48/9	5. IX.	48/9/1	10. IX.	1 Tag	19 Tage
48/9	,,	48/9/2	10. IX.	1 ,,	19 ,,
46/2	,,	46/2/1	10. IX.	1 ,,	21 ,,
45/20	,,	45/20/1	10. IX.	1 ,,	22 ,,
44/11	,,	44/11/1	8. IX.	3 ,,	24 ,,
44/11	,,	44/11/2	9. IX.	2 ,,	24 ,,
42/2	,,	42/2/1	7. IX.	4 ,,	26 ,,
36/3	,,	36/3/1	8. IX.	3 ,,	32 ,,
36/10	,,	36/10/1	8. IX.	3 ,,	32 ,,
36/19	,,	36/19/1	7. IX.	4 ,,	32 ,,
48/9	6. IX.	48/9/1	10. IX.	2 Tage	20 Tage
48/15	,,	48/15/1	10. IX.	2 ,,	20 ,,
45/18	,,	45/18/1	8. IX.	4 ,,	23 ,,
43/x	,,	43/x/1	8. IX.	4 ,,	26 ,,
40/12	,,	40/12/1	10. IX.	2 ,,	29 ,,
36/6	,,	36/6/1	10. IX.	2 ,,	33 ,,

füttert werden und erst *dann* zur Pflege *junger* Larven übergegangen
wird, ist uns aus der normalen Blutpflegetätigkeit der jungen Bienen bekannt (siehe S. 4). *Neben dem jetzt erbrachten Beweis der Brutpflegetätigkeit älterer Arbeiterinnen ist daher die Tatsache von großem Interesse,
daß sich bei erzwungener Brutpflege durch ältere Bienen genau dieselbe
Staffelung in zwei zeitlich aufeinanderfolgenden Etappen wiederfindet.* Wie
wir wissen, ist diese Aufeinanderfolge der beiden Brutpflegeetappen bei
den normal jungen Bienen physiologisch bedingt durch die Entwicklungs-

dauer der Futtersaftdrüse. Weiter unten wird kurz bewiesen werden, daß auch für die ungewöhnlich alten Brutpfleger unseres Altvolkes dieselben Gründe gelten.

Zunächst müssen wir noch einmal die Aufeinanderfolge der verschiedenen Brutpflegeabschnitte näher charakterisieren. Am augenscheinlichsten wird der Wechsel von der Fütterung alter Larven zur Pflege junger Larven natürlich auch hier wieder an Arbeitern, die *sowohl* bei der einen *als auch* bei der anderen Fütterung direkt beobachtet werden konnten. Deshalb stelle ich in der folgenden Tabelle 9 die Arbeiter zusammen, von denen ich Fütterdaten aus beiden Etappen feststellen konnte.

Tabelle 9.

Biene Nr.	Pflegt am	Larve im Alter von	Ist alt	Pflegt am	Larve im Alter von	Ist alt
49/7	1. IX.	4 Tagen	14 Tage	4. IX.	2 Tagen	17 Tage
48/15	,,	5 ,,	15 ,,	4. IX.	2 ,,	18 ,,
				6. IX.	2 ,,	20 ,,
45/20	,,	5 ,,	18 ,,	4. IX.	2 ,,	21 ,,
				5. IX.	1 ,,	22 ,,
44/11	31. VIII.	4 ,,	19 ,,	5. IX.	3 ,,	24 ,,
				5. IX.	2 ,,	24 ,,
42/11	1. IX.	5 ,,	22 ,,	4. IX.	3 ,,	25 ,,
36/3	,,	5 ,,	28 ,,	4. IX.	1 ,,	31 ,,
				5. IX.	3 ,,	32 ,,
36/6	,,	5 ,,	28 ,,	6. IX.	2 ,,	33 ,,

In unseren eben geschilderten Versuchen kommt diese aufeinanderfolgende Staffelung der Brutpflege nach dem Alter der Larven besonders markant zum Ausdruck (Tabelle 7 und 8). Das hat freilich seinen Grund in dem folgenden, mehr oder weniger zufälligen, jedenfalls aber glücklichen Umstand; nachdem das Altvolk am 31. VIII. und 1. IX. auf der Versuchswabe (Abb. 9a) lediglich die alten Larven weiterpflegte und zur Deckelung brachte, jedoch bei der gleichzeitigen Unfähigkeit, junge Larven zu füttern, diese umkommen ließ, fanden die Arbeiter, die sich inzwischen auf die Pflege junger Larven umstellten, erst ihre geeigneten Pfleglinge vor, nachdem (etwa am 3. IX.) eine neue Generation Eier ausgeschlüpft war. Zwischen die Fütterung alter und junger Larven wurde also eine Fütterpause eingelegt, die unter normalen Brutverhältnissen mit fortlaufendem Nachwuchs in allen Altersstadien nicht gegeben zu sein braucht. Andererseits fanden am 3. und 4. IX. diejenigen Bienen keine geeigneten Pfleglinge, die nur die Fütterung alter Larven hätten übernehmen können, weil die frischgeschlüpften Larven erst am 5., 6. und später die Altersgrenze überschritten, nach welcher sie dann mit

Honig und Pollen gefüttert werden[1]. Wäre *zu jeder Zeit* Brut in allen Stadien vorhanden gewesen, so hätte wohl das Brutpflegegeschäft auch am 31. VIII. mit der Pflege alter Larven begonnen. Späterhin wäre dann aber die Pflege *alter und junger* Larven nebeneinander hergegangen, wie dies tatsächlich in unserem Versuch vom 5. IX. ab, bei gleichzeitiger Anwesenheit junger und alter Larven, eintrat: Bei näherem Studium der Tabelle 8 wird man feststellen, daß am 5. und 6. IX. vereinzelt Brutpflegedaten an alten, 4tägigen Larven mit aufgeführt sind. Die Anzahl der Arbeiter, die alte Larven pflegen, nimmt nun rasch zu, wie aus der folgenden Tabelle 10 hervorgeht.

Tabelle 10.

Biene Nr.	Pflegt am	Zelle Nr.	Zelle gedeckelt am	Alter d. L. am Füttertag	Alter d. B. am Füttertag
48/1	8. IX.	48/1/1	10. IX.	4 Tage	22 Tage
45/11	,,	45/11/1	9. IX.	5 ,,	25 ,,
45/7	,,	45/7/1	9. IX.	5 ,,	25 ,,
39/8	,,	39/8/1	10. IX.	4 ,,	32 ,,
37/1	,,	37/1/1	10. IX.	4 ,,	34 ,,
36/7	,,	36/7/1	10. IX.	4 ,,	35 ,,
48/1	10. IX.	48/1/1	11. IX.	5 Tage	24 Tage
45/7	,,	45/7/1	11. IX.	5 ,,	27 ,,
42/4	,,	42/4/1	11. IX.	5 ,,	31 ,,
37/6	,,	37/6/1	11. IX.	5 ,,	36 ,,

Die Daten der Tabelle 10 geben uns in zweifacher Richtung Aufschluß. Einmal entheben sie uns der Vermutung, daß Arbeiter, die früher (Tabelle 8) als Brutpfleger junger Larven beobachtet wurden, jetzt (Tabelle 10) unter den Brutpflegern alter Larven wieder zu finden wären, woraus zu folgern gewesen wäre, daß eventuell auch ein Wechsel von jungen zu alten Larven stattfinden könnte, oder daß unsere Schilderung des Wechsels von alten zu jungen Larven einem willkürlichen Zufall gleichkäme. *Die Arbeiterinnen der Tabelle 10 begegnen uns hier zum erstenmal.* Es sind solche, die, wie wir jetzt präziser sagen können, sich unter den gegebenen Zwangsverhältnissen trotz ihres Alters neuerlich der Brutpflege zuwenden und dabei — wie wir das schon kennen — mit der Fütterung alter Larven beginnen. Von ihnen könnten wir nach der bisherigen Erfahrung einen baldigen Übergang zur Pflege junger Larven erwarten, *der nun allerdings nicht eintrat.*

---

[1] Durch diesen Umstand wurde also das Ergebnis in unverhoffter Weise *verdeutlicht.* Daß eine weitere kurze Überlegung die Vermutung widerlegt, daß durch diesen Umstand das Ergebnis selbst *herbeigeführt* wurde, braucht wohl nur angedeutet zu werden.

Schon die Tatsache, daß sich in Tabelle 10 keine Brutfütterdaten an jungen Larven finden, obgleich hier natürlich keine Auswahl der Daten vorliegt, muß auffallen, da wir ja wissen, daß auf der Versuchswabe noch junge Larven vorhanden waren. Das gleiche lehrte die Beobachtung selbst. Weder fahren die aus Tabelle 8 bekannten Brutpfleger junger Larven fort, ihre bisherige Tätigkeit weiter auszuüben, noch wechseln die eben in Tabelle 10 aufgeführten Arbeiterinnen zur Pflege junger Larven über. Die Folge davon war *ein vollständiges Einstellen des Brutpflegegeschäftes beim Altvolk, nachdem die letzten alten Larven am 10. IX. (15 Tage nach Versuchsbeginn) gedeckelt waren.*

Das ist zunächst schwer zu verstehen. Theoretisch stünde nach den bisherigen Erfahrungen einer weiteren Brutpflege nichts im Wege, um so weniger, als wir in Tabelle 10 eine Reihe von gezeichneten Arbeitern kennenlernten, die angeblich das Brutpflegegeschäft erst begannen.

Fürs erste müssen wir uns jedoch mit der Schilderung der Tatsachen bis an diesen Punkt begnügen. Für die weitere Diskussion dieser Fragen wird es nötig sein, andere Fragen dieses Abschnittes in den Kreis unserer Betrachtungen zu ziehen, Fragen, die ebenfalls entscheidend sind und nur im Interesse einer durchgehenden Schilderung der Beobachtungen bis jetzt zurückgestellt wurden.

Im Rahmen unserer allgemeinen Problemstellung drängt schon längst eine Frage nach Klärung. *Wir wissen jetzt wohl, daß im Zwangsfalle bei Mangel an jungen Bienen wesentlich ältere Arbeiterinnen das Brutpflegegeschäft übernehmen können.* So sind die Brutpfleger der Tabelle 7 durchschnittlich etwa 25 Tage alt und die aus Tabelle 10 etwa 29 Tage. Im Vergleich hierzu ist das Alter der Brutpflegerinnen in einem normal zusammengesetzten Bienenvolk nach meinen früheren Feststellungen (1925, S. 591, Tabelle 1 und S. 594, Tabelle 4) im Durchschnitt mit etwa 7 Tagen anzusetzen. *Es ist jetzt an der Zeit, diesen Begriff „ältere" Bienen näher zu definieren.* Vor allem wird interessieren, ob wir in diesen „älteren" Arbeitern solche vor uns haben, die bereits Sammelbienen waren, ehe sie wieder zur Brutpflege zurückkehrten. Vergleichen wir das Durchschnittsalter der hier in Frage stehenden Brutpfleger mit dem Alter der früher (1925, S. 633, Tabelle 9) zusammengestellten Arbeiter, die beim ersten Trachtausflug ein Durchschnittsalter von 18 Tagen aufwiesen, so stünde theoretisch einer solchen Annahme nichts im Wege.

Ich habe schon vor der Trennung des Versuchsvolkes in Jung- und Altvolk die Nummern der meisten Pollen oder Honig sammelnden Trachtbienen fortlaufend notiert und diese Feststellungen natürlich auch während der Versuche selbst weitergeführt. An Hand dieser Liste der gezeichneten Trachtbienen — die zu umfangreich und hier unwesentlich ist, so daß auf eine Wiedergabe verzichtet werden kann — habe ich festgestellt, *daß keine der in den Tabellen 7, 8 und 10 aufgeführten Brutpflege-rinnen sich früher schon als Sammelbiene betätigt hat*[1].

Dagegen ließ sich durch die weitere Kontrolle der Trachtbienen des Altvolkes zeigen, daß einige der beim Brutpflegegeschäft beobachteten (und in Tabelle 7—10 aufgeführten) Arbeiter alsbald zum Sammel-geschäft übergingen. Die betreffenden Bienen sind in den entsprechenden Daten in der nachfolgenden Tabelle 11 zusammengestellt.

Tabelle 11.

Biene Nr.	Betätigte sich an d. Brutpflege am	Siehe Tabelle	Als Sammelbiene beobachtet am
36/6	6. IX.	8	12. IX.
44/11	5. IX.	8	13. IX.
48/9	5. IX.	8	13. IX.
46/2	5. IX.	8	16. IX.
49/7	4. IX.	8	16. IX.
45/7	8. IX.	10	16. IX.

Mit dieser Feststellung erhält die oben abgebrochene Frage eine neue Wendung. Der Übergang der betreffenden Brutpflegerinnen zu den Trachtausflügen erfolgte, *obwohl* das Altvolk fortwährend und aus-reichend Gelegenheit zur Brutpflege hatte.

Wir können also mit gutem Recht folgern, daß eine Arbeitsbiene wohl noch einmal zum Brutpflegedienst zurückkehren kann, obgleich sie dem Alter nach die normale Brutpflegeperiode überschritten hat, aber nur dann, wenn sie noch nicht zur Sammelbiene geworden ist. Trotzdem ist jedoch auch diese Brutpflegetätigkeit von beschränkter Dauer. *Nach einer gewissen Zeit* — die einen regulären Brutpflegegang der Fütterung von jungen und alten Larven zu umfassen scheint — *wird das Brutpflege-geschäft trotz vorhandener Brut endgültig verlassen und zum Sammeldienst übergegangen.*

Es erschien mir wichtig, noch zu entscheiden, ob die im Altvolk ver-sammelten Bienen tatsächlich nicht mehr zur Pflege junger Larven über-gehen konnten oder sie dies nur nicht „wollten"[2].

Es ist allgemein bekannt, daß ein Bienenvolk beim Verlust der Königin eine solche aus einer Arbeiterlarve „nachschaffen" kann. Eine solche

---

[1] Damit soll jedoch nicht gesagt sein, daß es in keinem Falle gelänge, Tracht-bienen noch einmal zur Brutpflegetätigkeit zu zwingen. In unserem Falle war eben dieser Zwang nicht gegeben, weil außer den Trachtbienen noch andere Arbeiter im Altvolk vorhanden waren. Ich habe 1929 versucht, auch auf diese Frage eine Antwort zu bekommen. Die Versuche sind jedoch noch nicht abgeschlossen.

[2] Daß mit diesem Ausdruck hier keine „anthropomorphistische Psychologie" getrieben werden soll, sei überflüssigerweise für eine bestimmte Kritikergruppe angemerkt. Nichts liegt mir ferner, als hier Betrachtungen über Willenshand-lungen oder die Launenhaftigkeit der Bienen anzustellen.

„Nachschaffungskönigin" tritt dann als vollwertiges Weibchen in Funktion, falls sie aus einer Arbeiterlarve gezüchtet wurde, die noch nicht 4 Tage alt war[1]. Der Zustand der „Weisellosigkeit" ist für das Bienenvolk derart katastrophal, daß offensichtlich alles aufgeboten wird, um eine Nachschaffungskönigin zu erziehen. Dafür gibt es eine Reihe Beweise, die jedoch so allgemein bekannt sind, daß sie hier nicht aufgeführt zu werden brauchen. Jedenfalls ist die Weisellosigkeit der letztmögliche „Zwang", ein Bienenvolk zur Brutpflege zu bringen.

Auch ich griff in einem letzten Versuche zu diesem Mittel, um das Altvolk zu einer Antwort zu bringen. Am 19. IX. nahm ich dem Volk die Königin, nachdem ich ihm zuvor eine Wabe mit Brut in allen Stadien zur Nachschaffung gegeben hatte. Die Antwort war bald gefunden. Für gewöhnlich geht ein Bienenvolk bei Weisellosigkeit sofort an die Nachschaffung einer Königin, indem die Arbeiter über einer oder mehreren Zellen mit jungen Arbeiterlarven einen sogenannten Weiselnapf „anblasen", d. h. also eine Arbeiterzelle derartig vergrößern und erweitern, wie es für den Bau einer Weiselzelle nötig ist. *In unserem Altvolk wurde weder ein Ei noch eine der vorhandenen jungen Arbeiterlarven in Weiselpflege genommen*, so daß ich nach 4 Tagen den Versuch abbrach. *Damit war klar gezeigt, daß die Bienen des Altvolkes die vorhandene Brut nicht mehr zu pflegen imstande waren.* Allerdings wurde auch in unserem Falle ein Weiselnapf angeblasen, wodurch zum Ausdruck kommt, daß das Volk sich seiner Weisellosigkeit „bewußt" war[2].

Noch können wir jedoch nichts vorbringen, was das Verhalten der zum Teil in Tabelle 8 und besonders in Tabelle 10 aufgeführten Arbeiter erklären könnte, die nach anfänglicher Pflege alter Larven nicht mehr zur Pflege junger Larven kamen, wie wir das von den anderen abnorm alten Brutpflegern feststellen konnten. Eine Erklärung, die darauf ausgehen wollte, daß die betreffenden Arbeiter eben „zu alt" gewesen seien, kann trotz ihres wirklich „hohen" Alters (Durchschnitt 29 Tage) nicht recht befriedigen; vor allem dann nicht, wenn wir uns daran erinnern, daß z. B. die Bienen 36/3 und 36/6, die beide 28 Tage alt waren, als sie bei der Pflege alter Larven beobachtet wurden (siehe Tabelle 7), trotzdem noch zur Pflege junger Larven übergingen (siehe Tabelle 8).

Es war naheliegend daran zu denken, daß der histologische Bau der Futtersaftdrüsen dieser Bienen der Tabelle 10 einen Aufschluß geben könnte. Deshalb gebe ich in der folgenden Tabelle 12 eine Zusammenstellung über den Befund an den Futtersaftdrüsen einiger Bienen der

---

[1] Also dem Ernährungswechsel vom Futtersaft zur Pollen-Honigfütterung noch nicht unterworfen wurde.

[2] Auch hier schließe ich mich lediglich der üblichen Terminologie an, ohne mit dem Ausdruck das sagen zu wollen, was man für gewöhnlich im „anthropomorphistischen" Sinne unter „Bewußtsein" versteht.

Tabelle 10 im Vergleich mit solchen Bienen (der Tabelle 8), die bei der Pflege junger Larven beobachtet wurden.

Bei dieser Gegenüberstellung können wir zunächst der Vollständigkeit halber nachtragen, *daß auch die Bienen, welche mit so ungewöhnlich hohem Alter junge Larven pflegten, maximal entwickelte Futtersaftdrüsen haben, was schließlich zu erwarten war.* Für die Bienen der Tabelle 10 jedoch können auch die Daten über den Zustand ihrer Futtersaftdrüsen nicht den gewünschten Aufschluß geben. Die Drüsen dieser Bienen sind unentwickelt (wie ebenfalls zu erwarten war). Es ist ihnen jedoch nicht anzusehen, warum sie nicht entwickelt sind oder ob sie noch entwickelt worden wären, und gerade das konnte uns hier nur interessieren.

Tabelle 12.

Mat.-Bez.	Biene Nr.	Pflegt am	Larve alt	Siehe Tabelle	Alter d. Biene	Stadium der Futtersaftdrüse
Um 2	46/4	4. IX.	2 Tg.	8	20 Tg.	voll entwickelt
Um 13	34/5	4. IX.	3 „	8	33 „	voll entwickelt
Um 11	44/3	4. IX.	1 „	8	23 „	entwickelt
Um 10	31/3	4. IX.	2 „	8	36 „	entwickelt
Um 9	41/3	4. IX.	2—3 „ [1]	—	26 „	voll entwickelt
Um 12	45/11	8. IX.	5 Tg.	10	25 Tg.	degeneriert
Um 15	36/7	8. IX.	4 „	10	35 „	Beginn d. Degenerat.
Um 4	43/19	8. IX.	4—5 „ [1]	—	27 „	völlig degeneriert

Freilich gibt es noch eine Reihe Erklärungsmöglichkeiten, die theoretisch einen Hinweis auf die Lösung der damit noch offenen Frage geben könnten. Sie sind jedoch zum Teil ausschließlich theoretischer Natur, so daß wir hier vielleicht lieber eine offene Frage als eine unbegründete Antwort hinnehmen.

Mit unserem Ergebnis dieses Kapitels haben wir zum Schluß noch kurz die zu dieser Frage vorliegenden Literaturstellen zu konfrontieren. In erster Linie ist wieder ein kurzer Bericht v. BERLEPSCHS (1869, S. 175) zu erwähnen, der ganz allgemein die These verteidigt, daß „die alten (Bienen) erforderlichenfalls alle Arbeiten vollbringen" könnten, wenn dies auch nicht die Regel sei. v. BERLEPSCH beruft sich zunächst darauf, daß ja auch im Frühjahr die alten vorjährigen Bienen das erste Brutpflegegeschäft übernehmen müßten. Damit ist, wie wir schon früher (1925) ausführten, allerdings nicht das geringste für unsere augenblickliche Fragestellung gesagt. Doch erwähnt v. BERLEPSCH auch einen Versuch durch Fluglingbildung, bei welchem er zu ähnlichen Ergebnissen gekommen zu sein scheint wie wir.

---

[1] Das Alter dieser Larven wurde geschätzt, deshalb sind diese Daten auch nicht in den vorhergehenden Tabellen aufgeführt.

1896 hat dann Kramer (1896, S. 64—70) vor allem in Opposition zu einer schematischen Auslegung der Gerstungschen Lehre von einer starren Arbeitsteilung nach dem Alter der Arbeiterinnen die Frage aufgeworfen: „Sind alte, d. h. Trachtbienen noch fähig zu brüten?" Kramer ließ an verschiedenen Stellen der „schweizerischen apistischen Beobachtungsstationen" diese Frage verfolgen. Durch Fluglingbildung wurden „Altvölker" gebildet, denen nun genau wie in unserem Versuch die Aufgabe der Brutpflege gestellt wurde. Kramer berichtet von einem allseits positiven Ergebnis der Versuche. Er gibt sich jedoch zweifellos einer falschen Vorstellung hin, wenn er daraus folgerte, daß *Trachtbienen* wieder zur Brutpflege zurückkehren können, und dabei den *flugfähigen Teil* eines Bienenvolkes in Bausch und Bogen als Trachtbienen anspricht, was bekanntlich nicht zutrifft. Daraus ergibt sich dann ein weiterer Schluß, der kaum aufrecht zu halten sein dürfte: Angesichts der Tatsache, daß das Sammelgeschäft der beobachteten Altvölker trotz der wieder aufgenommenen Brutpflege zum Teil unverändert beibehalten wurde, folgert Kramer bzw. einige seiner Beobachter, daß in diesem Falle die Arbeiter gleichzeitig Brut gepflegt und Honig und Pollen herbeigeschafft hätten. Eine solche Doppelfunktion habe ich in keinem Falle beobachten können, obwohl ich diese Möglichkeit natürlich auch erwogen hatte und darauf besonders achtete. So wenig wie im „Flugling" eine eigentliche *Trachtbiene* wieder zur Brutpflege zurückkehrt, so wenig betätigt sich eine abnorm alte Brutpflegerin gleichzeitig als Trachtbiene.

Noch in einem weiteren Punkt der Kramerschen Arbeit wage ich auf Grund meiner Versuche Zweifel zu setzen, ohne damit natürlich die seinen Berichten gebührende Bedeutung zu übersehen. Kramer spricht von einer „Brutlust" der alten Bienen. Dieser Ausdruck ist zum mindesten übertrieben. Im Vergleich zur Brutpflege des von mir gleichzeitig beobachteten Jungvolkes ist die Brutpflegetätigkeit der alten Bienen im Zwangsfall eine recht schleppende und vor allem der Quantität nach eine spärliche. Das ist im Grunde recht gut zu verstehen, wenn wir nicht außer acht lassen, daß es sich eben um einen Zwangsfall handelt.

Einen interessanten Beitrag zu unserer Fragestellung brachten in neuerer Zeit Versuche von Götze (1926), die, zwar unter anderen Gesichtspunkten angestellt, unser Thema doch eng berühren. Götze stellte fest, wie lange und in welchem Umfange ein weiselloses Bienenvolk fähig ist, Königinnen nachzuschaffen, ohne daß das Volk durch Nachwuchs an Jungbienen auf dem normal geforderten Pflegezustand gehalten wurde. Von einem in allen Teilen normalen, weisellosen Volk wurden in einer ersten „Zuchtreihe" aus Eiern = 47 Weiselzellen mit 42 brauchbaren Königinnen gepflegt, aus einer zweiten = 23 Königinnen, aus einer dritten = 12 Weiselzellen mit 10 Königinnen, aus einer vierten Zuchtreihe wurden = 7 Weiselzellen gepflegt, aus denen jedoch nur 2 Königinnen selbständig schlüpften. Die übrigen fünf Larven entwickelten sich nicht oder zu mißgestalteten Tieren. Aus einer fünften Zuchtreihe wurden drei Zellen gepflegt, von denen eine Königin schlüpfte und aus der sechsten Zuchtreihe wurden zwei Zellen gepflegt, deren Larven sich jedoch nicht mehr zu Königinnen, sondern zu Arbeiterinnen entwickelten, die überdies noch verkrüppelt waren. Von GÖTZE wird hervorgehoben, daß nicht allein die Zahl der in Pflege genommenen Zellen in den aufeinander folgenden Zuchtreihen rapid abnahm, sondern daß auch die Qualität der Pflege allmählich so schlecht wurde, daß die Gewichte der gezüchteten Königinnen von der ersten bis zur fünften Zuchtreihe von 497 auf 109 mg fiel und die Hüftbreite von 5,42 auf 4,75 mm reduziert wurde. In der sechsten Zuchtreihe wurden dann sogar nur noch „Miniaturwesen" produziert, die in ihren Ausmaßen und Gewichten nicht einmal diejenigen normaler Arbeiterinnen erreichten. Dem Aussehen nach zeigten die „Nachschaffungsköniginnen" der fünften Zuchtreihe „zum Teil", die der sechsten Zuchtreihe „vorwiegend" Arbeitermerkmale.

Diese Feststellungen GÖTZES sprechen in derselben Richtung wie meine Beobachtungen am Altvolk. Sie führen genau an denselben Punkt, an dem wir unsere Betrachtungen abgebrochen haben: nach einer gewissen Zeit hört die Produktion von Futtersaft bei den abnorm alten Bienen einfach auf. Wohl können dann noch vorhandene Larven mit Honig und Pollen versehen werden, wie ich direkt beobachten konnte (Tabelle 10). Diese „Brutpflege" reicht jedoch nicht mehr hin, um junge Larven in Pflege zu nehmen oder Königinnen zu ziehen, sondern führt im besten Falle (siehe auch GÖTZES sechste Zuchtreihe) noch zu Arbeiterinnen.

Anhang:
In welcher Weise teilt sich ein Bienenvolk beim Schwarmakt?

Die Lösungen, die auf die beiden vorhergehenden Fragen gegeben werden konnten, sprechen für eine unerwartete Variabilität des Arbeitsteilungsprinzips im Bienenvolk. Sie legen die Vermutung nahe, daß das Bienenvolk auch unter natürlichen Bedingungen vor die Aufgabe gestellt wird, von dieser extremen Regulationsfähigkeit Gebrauch zu machen. Man wird vor allem an das Schwärmen denken, welches ja die einzige Gelegenheit ist, bei welcher sich ein Bienenvolk in zwei Teile spaltet.

Der Schwarmakt ist bekanntlich ein Vermehrungsprozeß des Bienenvolkes als Ganzes; er besteht darin, daß die alte begattete Königin des Volkes im Frühsommer, zur Zeit der stärksten Entfaltung eines Volkes, auszieht, um eine neue Kolonie zu gründen. Mit der alten Königin, die allein die Neugründung nicht vollziehen kann, zieht ein Teil des Volkes aus der alten Wohnung aus. Die Vermutung, daß der vom Volk sich abtrennende Schwarm in seiner Zusammensetzung etwa dem Altvolk bei der Fluglingbildung entsprechen könnte, ist nicht von der Hand zu weisen. Die Tatsache, daß der Schwarm gewöhnlich — wenn er vom Imker nicht rechtzeitig eingefangen wird — recht erhebliche Strecken wegfliegt, läßt den Vergleich mit dem flugfähigen Altvolk wohl zu. In vielen Fällen haben auch Bienenkenner einen Schwarm geradezu den Überschuß an alten Bienen genannt.

Für unsere Fragestellung war es daher wichtig zu erfahren, aus welchen Altersklassen sich die im Schwarm mit ausziehenden Arbeiterinnen zusammensetzen, ob also die Teilung des Bienenvolkes beim Schwarmakt vielleicht in einem ähnlichen Altersgruppenverhältnis erfolgen würde, wie dies bei der künstlichen Fluglingbildung in unserem Versuch geschah.

Zur Feststellung dieser Frage markierte ich im Frühjahr 1927 täglich 100 Stück frischgeschlüpfte Arbeiterinnen eines Bienenvolkes, von dem auf Grund allgemeiner imkerischer Erfahrung anzunehmen war, daß es einen Schwarm aussenden würde. Die Bienen wurden in der oben (S. 9) geschilderten Weise numeriert, wobei hier die tägliche 100er Gruppe nur eine „Tageszahl" erhielt, also keine individuelle Nummer. Begonnen wurde mit dem Zeichnen am 17. V. 1927. Schon nach 21 Tagen (also am 7. VI.) schwärmte das Versuchsvolk, in dem sich jetzt 2100 gezeichnete Bienen im Alter von 1—21 Tagen befanden.

Der Schwarm sammelte sich in kurzer Entfernung vom Bienenstand an dem Zweig einer Buche. Bei einer genauen Durchsicht des Schwarmes nach gezeichneten Bienen stellte ich fest, daß sich *Arbeiter aller Altersklassen in ungefähr demselben Verhältnis in der Schwarmtraube befanden. Die jüngsten Bienen unter ihnen waren 3 Tage alt.* Nach den gezeichneten Arbeitern zu urteilen, waren die jungen Bienen in derselben Anzahl vertreten wie die älteren.

Dadurch ist gezeigt, daß beim Schwarmakt das Bienenvolk sich durch alle Altersgruppen hindurch in zwei gleichwertige Teile regelrecht spaltet, unter natürlichen Bedingungen also *ein Prinzip der Teilung wählt, das dem im Experiment herbeigeführten keinesfalls gleicht.*

Damit ist jedoch auch gleichzeitig ausgemacht, daß eine Regulierung des Arbeitsteilungsprinzips, wie wir sie in den beiden obigen Abschnitten kennenlernten, weder beim Schwarm noch beim zurückgebliebenen Restvolk einzutreten braucht. In diesen beiden Volksteilen sind nach der Schwarmteilung noch Bienen aller Altersklassen vertreten, die mit Sicherheit in großen Zügen die Arbeit in der Weise verteilen, wie wir es von dem normalen Bienenvolk her kennen[1]. Außer dem Schwarmakt kennen wir jedoch im Leben eines Bienenvolkes keinen natürlichen Vor-

---

[1] Eine direkte Nachprüfung dieser Frage wird zur Kontrolle noch unternommen werden.

gang, der geeignet sein könnte, das normale Arbeitsteilungsprinzip zu
beeinträchtigen[1].

Für gewöhnlich wird von Kritikern darauf hingewiesen, daß die
„Arbeitsteilung nach dem Alter" unmöglich erfüllt werden könnte, wenn
ein Bienenvolk nach der Überwinterung im Frühjahr sich zur neuen Entfaltung anschicke. Bekanntlich ist während der Winterruhe des Bienenvolkes die Bruttätigkeit vollständig eingestellt, so daß alle Arbeiter des
Volkes im Frühjahr bei der Wiederaufnahme der Tätigkeiten mindestens
3 Monate alt sind. Selbstverständlich kann in diesem Falle eine Brutpflegerin z. B. nicht das „normale" Brutpflegealter von etwa 2 Wochen
haben. Entscheidend für unsere Problemstellung ist jedoch zu wissen,
ob im Frühjahr nicht doch dasselbe Prinzip der Arbeitsteilung verwirklicht ist, das Prinzip, wonach *eine Arbeiterin die zu leistenden Tätigkeiten
in einer bestimmten, feststehenden Reihenfolge absolviert*. Nach meinen bisherigen Erfahrungen scheint das zuzutreffen. Ich habe bereits in zwei
aufeinanderfolgenden Herbst-Winter-Frühjahrsperioden entsprechende
Beobachtungen angestellt, die jedoch noch nicht abgeschlossen sind[2].

3. Frage: Welche Arbeiterinnen übernehmen bei Abwesenheit normaler Baubienen die Bautätigkeit im Bienenvolk?

Die hier zu schildernden Versuche wurden im Sommer 1926 angestellt.
Sie schließen eng an meine Versuche an, welche zur Bestimmung des Alters
der Baubienen im normalen Bienenvolk führten, auf die deshalb hier kurz
eingegangen werden muß. Als Ergebnis dieser Versuche konnte ich (1927)
zeigen, daß auch die Bauarbeiten, die ein Bienenvolk während des
Sommers verrichtet, wie die übrigen Tätigkeiten von einer bestimmt-
altrigen Arbeitergruppe übernommen werden, daß also die Arbeiterinnen
zu einem bestimmten Lebensabschnitt spontan zu Baubienen werden.

Dieser Nachweis wurde damals auf folgende Weise erbracht: Einem
Versuchsvolk, das bei Versuchsbeginn etwa 4500 markierte Arbeiterinnen

---

[1] Man könnte daran denken, daß durch einen *Krankheitsbefall* die Zusammensetzung eines Bienenvolkes gestört werden kann. Besonders bei der *No-
sema*-Seuche und beim Befall durch die Bienenmilbe *Acarapis Woodi*, scheinen
in erster Linie die alten Sammelbienen dezimiert zu werden, so daß auf diese
Weise Verhältnisse geschaffen werden könnten, wie sie etwa dem Jungvolk entsprechen, doch sind diese Angaben über den Befall ausschließlich alter Bienen
noch nicht genügend sichergestellt.

[2] Versuche dieser Art sind recht schwierig, da nicht nur festzustellen ist,
was z. B. eine bestimmtaltrige Biene im Frühjahr für Tätigkeiten übernimmt,
sondern auch von dieser Biene bekannt sein muß, welche Tätigkeit sie im ver-
flossenen Herbst ausgeführt hat, als die Arbeit eingestellt wurde. Dazu kommt,
daß die Tätigkeiten im Herbst recht spät endgültig eingestellt werden und im
Frühjahr so frühzeitig wieder aufgenommen werden, daß aus wärmetechnischen
Gründen ein Beobachten im gewöhnlichen Beobachtungskasten fast unmöglich ist.

im Alter von 1—45 Tagen in Tagesgruppen von je 100 Stück enthielt, wurde durch Einhängen eines sogenannten Baurähmchens (siehe Abb. 9) Gelegenheit zu neuem Wabenbau gegeben. Aus drei solchen Versuchen, die in täglichen Abständen aufeinander folgten, wurden dann alle gezeichneten Bienen der „Bautrauben" ausgezählt, die Beteiligungszahl der verschiedenen Tagesgruppen festgestellt und der Entfaltungszustand der Wachsdrüsen jeder gezeichneten Arbeiterin auf mikroskopischen Schnitten festgestellt.

Unter der Voraussetzung: „Wenn es im Bienenstaat eine umschriebene Gruppe von Baubienen gibt, muß sich diese durch ihre zahlenmäßige

Abb. 9. Wabenrähmchen mit künstlichem Wabenanfang, sogen. Baurähmchen, wie es zu den Bauversuchen verwendet wurde. (Aus Rösch 1927.)

Beteiligung am Baugeschäft *und* durch die maximale Ausbildung ihrer Wachsdrüsen hervorheben" (1927, S. 294), wurde festgestellt, daß *im normal zusammengesetzten Bienenvolk die Bautätigkeit von Arbeiterinnen zwischen dem 12. und dem 18. Lebenstag ausgeübt wird.* Neuerdings wurden diese Ergebnisse von Tjunin (1928) vollauf bestätigt.

Hier interessiert uns jedoch wieder zu erfahren, was über die gegebenen, normalen Verhältnisse hinaus unter veränderten Versuchsbedingungen an Möglichkeiten im Bienenvolk zu erwarten sein wird. Generell könnte die Frage so lauten: Sind auch andersaltrige Arbeiterinnen als die 12—18tägigen der Bauetappe unter erzwungenen Bedingungen fähig, Wachs zu erzeugen und Wabenbau aufzuführen? Nelson (1927) hat inzwischen diese Frage für junge frischgeschlüpfte Bienen scheinbar in positivem Sinne beantworten können. Für mich war auf Grund der in dieser Arbeit geschilderten Versuche und Ergebnisse eine etwas andere

Fragestellung näherliegend und im großen Zusammenhang mit den bisher behandelten Problemen auch mehr erwünscht. Entsprechend der bisherigen Versuchsgestaltung, die immer darauf abzielte, von einem Volksteil das zu verlangen, was er normalerweise *nicht* leistet, benutzte ich nun das Versuchsvolk, *das durch die bisherigen Bauversuche seine Baubienen verloren hatte*, weiterhin zu Versuchen, in denen eine Bautätigkeit erzwungen wurde.

Im direkten Anschluß an die drei ersten Bauversuche wurde dem Bienenvolk ein Teil seiner Waben genommen, um dadurch wieder die Voraussetzung zu neuer Bautätigkeit zu geben, da erfahrungsgemäß ein Bienenvolk in dem (durch die vorhergegangenen Versuche) geschwächten Zustande keine Neigung zum Bauen mehr zeigt, wenn nicht direkter Mangel an Wabenbau vorliegt. Am 6. VII. 26 wurde dem Volk dann wiederum ein Baurähmchen (siehe Abb. 9) ins Brutnest[1] gehängt. Es bildete sich daran relativ rasch eine Bautraube, die am 6. VII. 26 in der früher (1927) geschilderten Weise fixiert und weiter bearbeitet wurde.

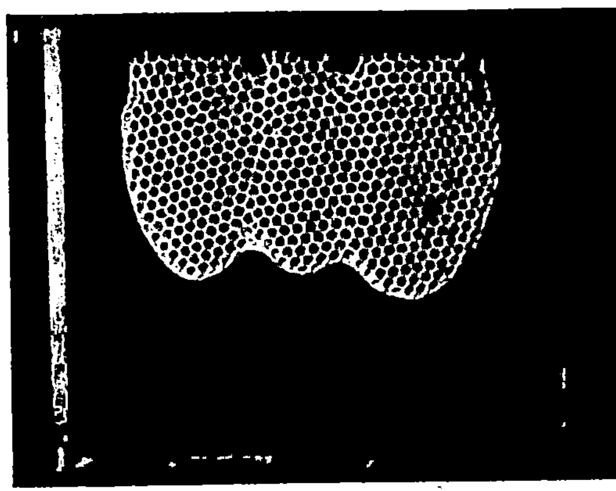

Abb. 10. Der Bauerfolg des ersten (vierten) Bauversuches (6. VII. 26).

Die Ergebnisse dieses Versuches werde ich wiederum in folgender Weise darstellen. Zunächst wird in Tabellenform die Höhe der Wachsdrüsenzellen (in μ) von jeder einzelnen gezeichneten Biene, sowie die Durchschnittshöhe aller gleichaltrigen, die sich am Versuch beteiligten, angegeben. Überdies wird für jeden Versuch noch eine graphische Darstellung in zwei Kurven gegeben, von denen die eine Kurve (· --- --- -) für jedes Tagalter die Anzahl der in der Bautraube angetroffenen, gezeichneten Bienen angibt (sogenannte Beteiligungskurve). Die zweite Kurve (   ) erfaßt die durchschnittliche Höhe der Wachsdrüsen dieser Bienen (sogenannte Höhenkurve).

Am ersten Versuch dieser Versuchsreihe (dem vierten der bisher angestellten Versuche) beteiligten sich 162 markierte Bienen von einem Alter zwischen 5 und 32 Tagen. Den Bauerfolg dieses Versuches zeigt die Abb. 10. In Tabelle 13 ist, nach dem Alter der Bienen geordnet, von jeder angegeben, wie hoch (in μ) ihre Wachsdrüsen waren. Daneben fin-

---

[1] Ich habe (1927) eingehend erläutert, daß das Einhängen des Baurahmens mitten ins Brutnest die Bienen am ehesten veranlaßt, wieder zu bauen.

Tabelle 13.

Bez. der Bienen	Alter in Tagen	Anzahl	Höhe der Wachsdrüsen in μ bei den einzelnen Bienen des ersten (vierten) Versuchs											Durchschnitt in μ
			1	2	3	4	5	6	7	8	9	10	11	
B IV 45	5	3	16	24	52	—	—	—	—	—	—	—	—	30,6
,, 44	6	3	44	36	60	—	—	—	—	—	—	—	—	46,6
,, 43	7	3	32	32	60	—	—	—	—	—	—	—	—	41,3
,, 42	8	7	12	40	36	60	48	44	48	—	—	—	—	41,1
,, 41	9	4	64	60	56	64	—	—	—	—	—	—	—	61
,, 40	10	4	60	40	36	48	—	—	—	—	—	—	—	46
,, 39	11	7	68	64	52 +	64	48 +	68	48 +	—	—	—	—	58,8
,, 38	12	6	60	48 +	52 +	60	48 +	40 +	—	—	—	—	—	51,3
,, 37	13	11	44	48	60	64 +	72 +	48 +	64 +	60 +	56 +	72 +	52 +	58,1
,, 36	14	6	60 +	64	56	76	76	60	—	—	—	—	—	65,3
,, 35	15	9	72	76	60	56	72	76	64	64	64	—	—	67
,, 34	16	5	72	72	56 +	60	40	—	—	—	—	—	—	60
,, 33	17	6	72 +	60 +	64 +	76	60	76	—	—	—	—	—	68
,, 32	18	9	60	68	64	64	28	76	72	72	60 +	—	—	62,6
,, 31	19	11	40 +	36 +	60 +	60 +	68 +	12	4	60 +	56 +	56 +	60 +	46,5
,, 30	20	9	20 +	76	68 +	56 +	72 +	80 +	68 +	68 +	68 +	—	—	64
,, 29	21	10	72 +	72 +	48 +	56 +	60 +	80 +	76 +	12	68 +	44 +	—	58,8
,, 28	22	9	32 +	44 +	64 +	68 +	3	64 +	3	28 +	64 +	—	—	41
,, 27	23	7	3 +	20 +	3	52 +	64 +	3 +	52 +	—	—	—	—	28,1
,, 26	24	5	3	3 +	20 +	18	48 +	—	—	—	—	—	—	18,4
,, 25	25	6	24 +	64 +	24 +	20 +	3 +	40 +	—	—	—	—	—	29,1
,, 24	26	4	36 +	60 +	3 +	3	—	—	—	—	—	—	—	25,5
,, 23	27	5	3 +	3 +	3 +	3 +	3 +	—	—	—	—	—	—	3
,, 22	28	2	3	3 +	—	—	—	—	—	—	—	—	—	3
,, 21	29	6	3 +	3 +	3	3	3 +	3 +	—	—	—	—	—	3
,, 20	30	1	3 +	—	—	—	—	—	—	—	—	—	—	3
,, 19	31	1	3 +	—	—	—	—	—	—	—	—	—	—	3
,, 18	32	1	3 +	—	—	—	—	—	—	—	—	—	—	3

den wir in der letzten Kolonne der Tabelle die für die Bienen jedes Tag-
alters errechnete durchschnittliche Wachsdrüsenhöhe.

Das in Abb. 11 dargestellte Kurvenbild zeigt die bereits erläuterte
Beteiligungs- und Höhenkurve als Ergebnis dieses Versuches. Die Beteiligung war bei den verschiedenen Tagaltern eine ungewöhnlich wechselnde. Die Kurve zeigt mehrere Höhepunkte im Bereich zwischen dem
11. und 21. Tagalter der Versuchsbienen. Über diesen Punkt wird später

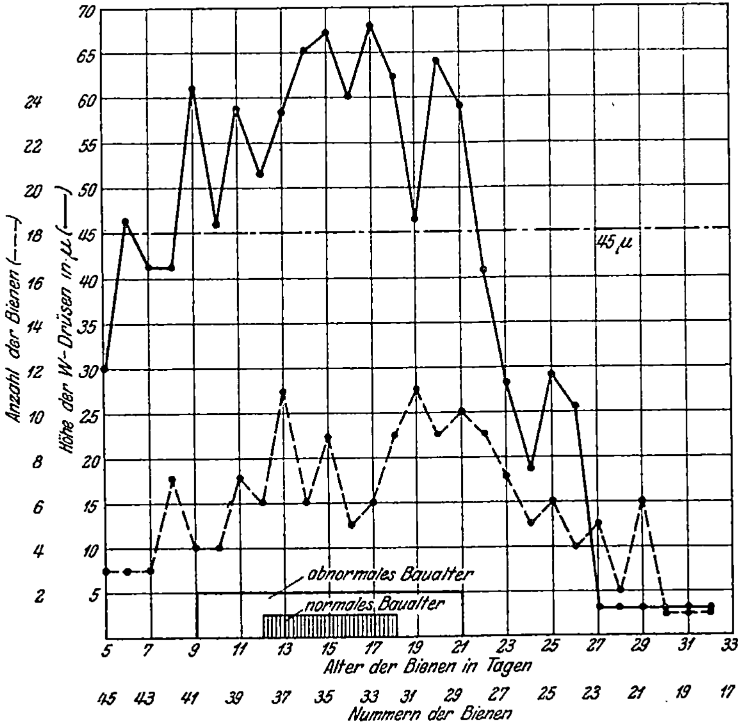

Abb. 11. Graphische Darstellung der Daten des ersten (vierten) Bauversuches (6. VII. 26).
Die punktierte Kurve (— — —) gibt *für jedes Tagesalter* die Anzahl der gezeichneten Bienen
an, die in der Bautraube angetroffen wurden. Die ausgezogene Kurve (——··) gibt die durchschnittliche Höhe (in μ) der Wachsdrüsen dieser Bienen an.

noch einiges zu sagen sein. Klarer und eindeutiger ist die Höhenkurve
des Kurvenbildes. Aus den früheren Ergebnissen (1927) wissen wir, daß
das Baualter der Arbeiterinnen entscheidend charakterisiert ist durch
die maximale Ausbildung der Wachsdrüsen, die im Durchschnitt *über*
einer Höhe der Drüsenzellen von etwa 45—50 μ liegt. Dementsprechend
müssen wir aus dem vorliegenden Kurvenbild die wichtige Tatsache
entnehmen, daß sich bei *diesem Versuch die Arbeiterinnen zwischen dem
9. und 21. Tagalter an den Bauarbeiten beteiligt haben.* Dies bestätigen
auch die Einzeldaten der Tabelle 13. Sie zeigen, wie die Höhe der Wachs-

drüsenzellen eine durchgehend maximale bleibt bis zu den 21 tägigen Bienen, daß erst dann, bei älteren neben noch relativ hoch entwickelten Drüsen sich vollständig degenerierte feststellen ließen; erfahrungsgemäß ist erst damit die obere Grenze des Baualters der Bienen erreicht. Auch

der zweite Versuch dieser Reihe (der fünfte aller Versuche), der 2 Tage später (8. VII. 26) in derselben Weise angestellt wurde, führte zu ähnlichen Ergebnissen. An ihm beteiligten sich allerdings nur noch 65 der gezeichneten Bienen. Das hierbei gebaute Wabenstück ist in Abb. 12 wiedergegeben, die Tabelle 14 gibt die Zahlen für den Ausbildungsgrad der

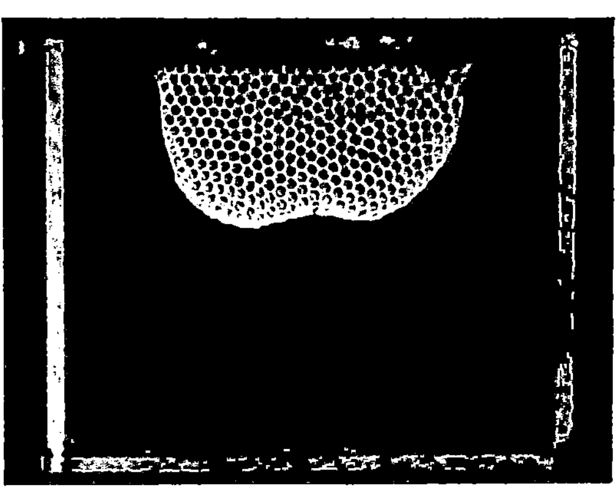

Abb. 12. Der Bauerfolg des zweiten (fünften) Bauversuches (8. VII. 26).

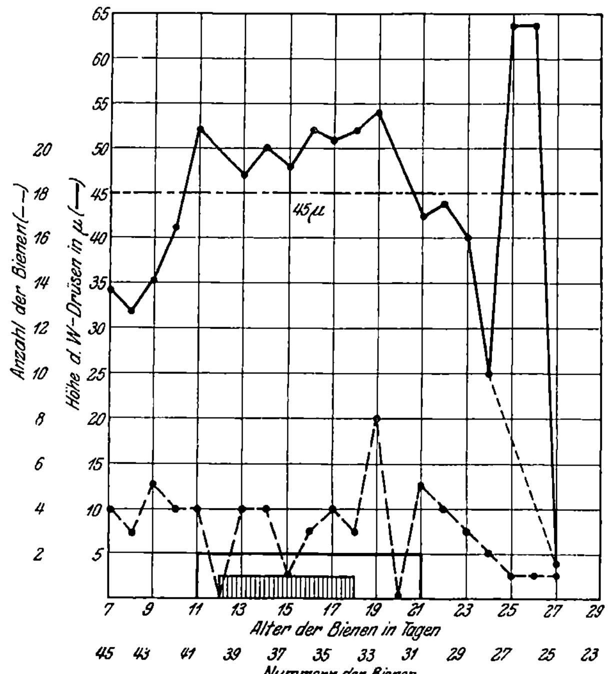

Abb. 13. Graphische Darstellung der Daten des zweiten (fünften) Bauversuches (8. VII. 26). Die punktierte Kurve (— — —) gibt *für jedes Tagesalter* die Anzahl der gezeichneten Bienen an, die in der Bautraube angetroffen wurden. Die ausgezogene Kurve (————) gibt die durchschnittliche Höhe (in μ) der Wachsdrüsen dieser Bienen an.

Tabelle 14.

Bez. der Bienen	Alter in Tagen	Anzahl	Höhe der Wachsdrüsen in μ bei den einzelnen Bienen des zweiten (fünften) Versuchs								Durchschnitt in μ
			1	2	3	4	5	6	7	8	
BV 45	7	4	32	36	32	36	—	—	—	—	34
„ 44	8	3	32	36 +	28	—	—	—	—	—	32
„ 43	9	5	44	32	20	40	40	—	—	—	35,2
„ 42	10	4	52	52	44	16	—	—	—	—	41
„ 41	11	4	44	56	56	52	—	—	—	—	52
„ 40	12	—	—	—	—	—	—	—	—	—	—
„ 39	13	4	52	48	36	52	—	—	—	—	47
„ 38	14	4	48	60	40	52	—	—	—	—	50
„ 37	15	1	48 +	—	—	—	—	—	—	—	48
„ 36	16	3	44	52	60 +	—	—	—	—	—	52
„ 35	17	4	48	52 +	48 +	56	—	—	—	—	51
„ 34	18	3	48 +	48 +	60 +	—	—	—	—	—	52
„ 33	19	8	60 +	60 +	44 +	48 +	44 +	56	64 +	60 +	54,5
„ 32	20	—	—	—	—	—	—	—	—	—	—
„ 31	21	5	52 +	44 +	44 +	40 +	32 +	—	—	—	42,4
„ 30	22	4	56 +	68 +	44 +	8 +	—	—	—	—	44
„ 29	23	3	16 +	60 +	44 +	—	—	—	—	—	40
„ 28	24	2	30 +	20 +	—	—	—	—	—	—	25
„ 27	25	1	64 +	—	—	—	—	—	—	—	64
„ 26	26	1	64 +	—	—	—	—	—	—	—	64
„ 25	27	1	4 +	—	—	—	—	—	—	—	4

einzelnen Wachsdrüsen dieser Bienen, und das Kurvenbild der Abb. 13 zeigt die Beziehung zwischen der Beteiligung und der durchschnittlichen Wachsdrüsenhöhe für jedes Tagalter.

Auch hier ist die Beteiligung der einzelnen Tagesgruppen eine stark wechselnde. Einzelne Nummern (Nr. 40 und 32) sind überhaupt nicht mehr in der Bautraube angetroffen worden. Das ist natürlich — wie auch bei dem vorangegangenen Bauversuch — darauf zurückzuführen, daß gerade diese Nummern an allen vorangegangenen Versuchen stark beteiligt waren. Da von allen Nummern zu Beginn der Versuche jeweils nur 100 Bienen vertreten waren, wurde ihre Zahl im Verlauf der ganzen Versuchsreihe stark vermindert. Die Beteiligungskurve wird also immer weniger zur Beurteilung des Versuchsergebnisses herangezogen werden können, da sich die Bedingungen für ihr Zustandekommen dauernd verschlechtern.

Dagegen bleibt die Beweiskraft der „Höhenkurve" über die durchschnittliche Wachsdrüsenhöhe dieselbe, vorausgesetzt, daß die Anzahl aus der der Durchschnitt errechnet ist, nicht zu gering ist. Aus der Höhenkurve der Abb. 13 geht nun ebenso eindeutig wie aus derjenigen des vorhergehenden Versuches hervor, daß sich am Baugeschäft bei diesem zweiten (fünften) Bauversuch wiederum die Arbeiterinnen beteiligten, die dem Alter nach jünger und älter sind, als die Arbeiterinnen des bekannten normalen Baualters zwischen 12 und 18 Tagen. Diesmal haben die Bienen vom 11. Tagalter an maximal entwickelte Wachsdrüsen und erst nach dem 21. Tagalter tritt wieder die Verminderung der Wachsdrüsenhöhe ein, auf die dann erfahrungsgemäß rasch eine rapide Degene-

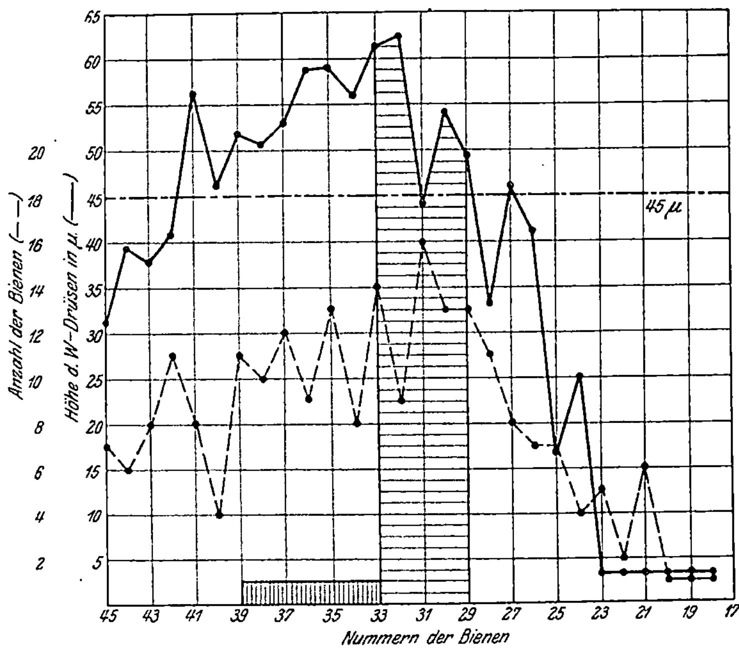

Abb. 14. Summenkurven über die beiden Bauversuche vom 6. VII. 26 und 8. VII. 26. Die punktierte Kurve (— — —) gibt *für die einzelnen Nummern* die Anzahl der Bienen an, die in den Bautrauben angetroffen wurden. Die ausgezogene Kurve gibt die durchschnittliche Höhe (in μ) der Wachsdrüsen dieser Bienen an. Vgl. den Text S. 48.

ration folgt — in unserem letzten Falle (siehe das Kurvenbild Abb. 13) allerdings unterbleibt. Die Höhenkurve steigt im Gegenteil über dem 25. und 26. Tagalter nochmals ungewöhnlich hoch (bis zu 64 μ) an und fällt erst dann wieder „programmäßig". Diese Unregelmäßigkeit ist jedoch von keiner ausschlaggebenden Bedeutung, sondern mehr zufällig und dadurch bedingt, daß von diesen beiden Tagaltern nur je eine Biene in der Bautraube war, die beide noch maximal entwickelte Drüsen hatten. Bei Anwesenheit mehrerer Bienen wären diese extremen Einzelwerte sicher korrigiert worden und ein wirklicher Durchschnittswert zur graphischen Darstellung gekommen. Ich habe daher in das Kurvenbild an dieser

Stelle der Höhenkurve als theoretische Korrektur eine Hilfslinie eingezeichnet, die ungefähr angeben soll, wie nach meiner bisherigen Erfahrung die Kurve wahrscheinlich verlaufen wäre, wenn zu ihrer Errechnung mehrere Daten über die Drüsenhöhe von 25- und 26tägigen Arbeiterinnen vorhanden gewesen wären.

Immerhin zeigen gerade diese Grenzfälle das im Extrem, was wir aus
den beiden letzten Bauversuchen zu folgern haben: Die zum Wabenbau
nötige Wachsproduktion kann im Bienenvolk *bei Mangel an normalen
Baubienen auch von Arbeiterinnen übernommen werden, die das normale
Baualter zum Teil weit überschritten haben.* Legen wir zur Begrenzung
der neuen Bauetappe wieder die Forderung zugrunde, daß sich die Gruppe
der Baubienen durch ihre zahlenmäßige Beteiligung am Baugeschäft und
durch die maximale Ausbildung ihrer Wachsdrüsen hervorheben muß,
so können wir aus beiden Versuchen feststellen, daß die Arbeiterinnen
geschlossen bis zum 21. *Tagalter* zu Bauarbeiten fähig sind und daß darüber hinaus noch *vereinzelt Bienen bis zu einem Alter von* 26 *Tagen* maximal entwickelte Wachsdrüsen aufweisen können. Über das Gesamtergebnis der beiden Versuche gibt die graphische Darstellung in Abb. 14
am raschesten Aufschluß. In diesem Kurvenbild sind die Höhen-
und Beteiligungskurven der beiden Versuche zusammengefaßt und durch
besondere, wagrechte Schraffierung die Altersperiode hervorgehoben,
aus der sich die abnormen Baubienen zusammensetzten. Wie man sieht,
liegen für die beiden Versuche in dieser Periode die Gipfelpunkte der
beiden Kurven.

Dieses Ergebnis stellt sich uns übrigens nicht unvermittelt entgegen.
Bereits bei den früheren drei Versuchen zur Ermittelung des normalen
Baualters war es beim dritten Versuch angedeutet und wurde von mir
auch dort mit folgendem Hinweis vermerkt (1927, S. 292): „Unter den
Bienen der Bautraube des dritten Versuches tritt erst bei einer 20tägigen
Arbeiterin die erste vollständig degenerierte Drüse auf. Auch hier nimmt
dann mit fortschreitendem Alter ihre Zahl zu, aber dazwischen eingestreut
finden sich hartnäckig immer wieder einzelne mit ungewöhnlicher Drüsenhöhe oder aufsteigenden Drüsen . . .“ Im Verein mit den Befunden der
zwei weiteren, hier geschilderten Versuche können wir also sagen, daß
sich diese „Erweiterung“ der Bauperiode allmählich einspielte und durch
den immer deutlicher werdenden Mangel an Baubienen bedingt ist.

Anhang: Neue Beobachtungen über die Entfaltung der Wachsdrüsen und die Beteiligung des Fettkörpers an diesem Vorgang.

An dem Ergebnis des obigen Abschnittes bleibt jedoch noch ein
Punkt zu klären. Die Tatsache, daß unter den geschilderten abnormen
Bedingungen auch *wesentlich ältere* Bienen Wachs produzieren können,
überrascht insofern, als ich früher (1927) zeigen konnte, daß normaler-

weise die Wachsdrüsen einer sofortigen Degeneration anheimfallen, sobald — mit dem 18. Tagalter — die Bauperiode überschritten ist. Wie verhalten sich nun die Wachsdrüsen dieser abnorm alten Baubienen?

Auch diese Frage hatte ich bereits aufgeworfen, als ich die eben angeführte beginnende Erweiterung der Bauperiode feststellte und damals folgende Möglichkeiten erwogen (1927, S. 292): „Für diese Erscheinung sind zwei Annahmen möglich, die jedoch beide noch hypothetisch sind. Entweder haben die Bienen, die das Baualter überschritten haben, ihre Wachsdrüsen zum zweitenmal entwickelt oder aber: Diese alten Bienen haben den normalen Rückbildungstermin überschritten und die vollentwickelten Wachsdrüsen beibehalten.“

Heute ist es mir möglich zu zeigen, daß eine der beiden Annahmen — und zwar die, welche ich selbst für die unwahrscheinlichere hielt — verwirklicht ist, *daß sich die Wachsdrüsen der abnorm alten Baubienen zum*

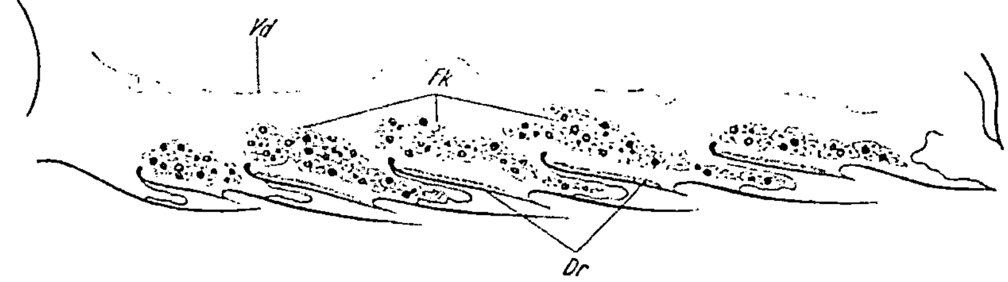

Abb. 15. Ventrale Partie eines Längsschnittes durch das Abdomen einer Bienenarbeiterin. *Dr* = Wachsdrüsen auf den 4 letzten Segmenten, *Fk* = ventraler Fettkörper, *Vd* = Ventraldiaphragma. Nach FREUDENSTEIN (1925).

zweitenmal entwickelt haben, und zwar unter Zuhilfenahme des ventralen Fettkörpers der Arbeiterinnen.

Der Fettkörper der Bienenarbeiterin, der während der larvalen Entwicklung und Metamorphose die ganze Leibeshöhle ausfüllt, ist bei der erwachsenen Biene fast vollständig auf das Abdomen beschränkt. Hier kleidet er polsterartig das ganze Chitinskelett innen aus, ohne jedoch die Hypodermis direkt zu berühren. Die Lage der ventralen Teile des Fettkörpers, die uns hier hauptsächlich interessiert, ist in Abb. 15 dargestellt. Das Bild zeigt die ventrale Partie eines Längsschnittes durch das Abdomen der Bienenarbeiterin, also die Bauchschuppen mit den Wachsdrüsen (*Dr*) und dem darüberliegenden Fettkörper (*Fk*). Die Abb. 15 zeigt ferner die Segmentierung des Fettkörpers in unter sich zusammenhängende Pakete oder Loben von Zellen, die der Segmentierung des Abdomens entsprechen. Diese Fettkörpersegmente breiten sich auf den ganzen Bauchschuppen geschlossen unter dem Bauchmark aus, wogegen die dorsalen Fettpolster auf jeder Rückenschuppe durch den Herzschlauch in zwei Teile zerlegt werden, wie FREUDENSTEIN (1925) in seiner Arbeit über den Fettkörper der Honigbiene gezeigt hat. Die ventralen

Fettkörperpakete werden nach den inneren Organen hin abgeschlossen durch das Ventraldiaphragma (*Vd*).

Die Abb. 16[1] zeigt einen vergrößerten Ausschnitt aus der vorhergehenden Abb. 15. Aus ihr geht deutlich hervor, daß über jeder Bauchschuppe ein gesonderter Fettkörperlobus lagert, der jedoch nicht nur den

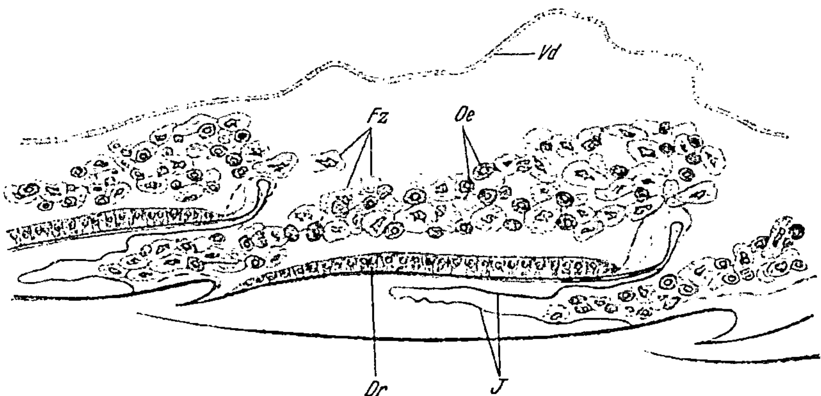

Abb. 16. Zwei Bauchsegmente im Längsschnitt bei stärkerer Vergrößerung. *Dr* = Wachsdrüse, *J* = Intersegmentalhaut, *Fz* = Fettzellen, *Oe* = Önocyten, *Vd* = Ventraldiaphragma. Zeichnung nach einem Originalpräparat.

Abschnitt der Bauchschuppe bedeckt, auf dem die palisadenähnlichen Wachsdrüsenzellen (*Dr*) sitzen, sondern daß die Fettkörperpakete auch in die taschenförmigen Intersegmentalhäute (*I*) hineinreichen, welche die starren Bauchschuppen miteinander verbinden. Diese Abbildung zeigt dann auch den zelligen Aufbau der Fettkörperloben. Zwischen den va-

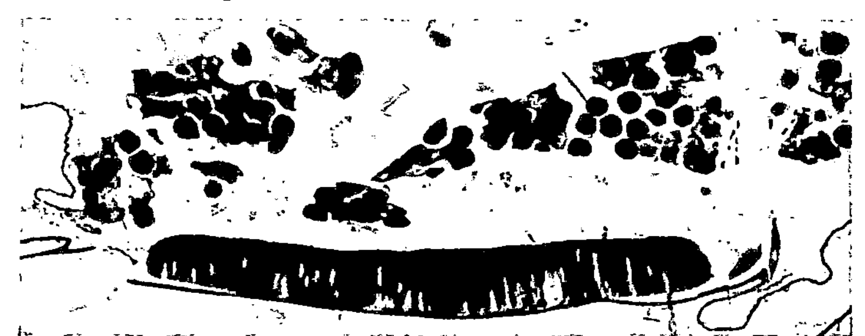

Abb. 17. Maximal entwickelte Wachsdrüse einer normalen Baubiene. Der darüberliegende Fettkörper noch in voller Ausdehnung. Mikrophotographie nach einem Originalpräparat.

kuoligen Fettzellen mit ihren feinkörnigen, polygonalen Kernen eingelagert liegen die mehr runden Önocyten, die im Präparat durch ihr dichtes, sowohl mit den Kernfarbstoffen als auch mit den Protoplasma-

---

[1] Die Zeichnungen zu den Abb. 15, 16, 19, 20, 21, 22, 23 und 24 hat in dankenswerter Weise der Zoologe und Graphiker Dr. R. EHRLICH, München, nach mikroskopischen Präparaten angefertigt.

farbstoffen ungewöhnlich stark färbbares Protoplasma auffallen. Auf zwei bis drei Fettzellen kommt etwa eine Önocyte.

Diese Lage des ventralen Fettkörpers und vor allem sein Aufbau bleibt vollständig unverändert bei der Entfaltung der Wachsdrüsen während der *normalen Bauperiode* der Arbeiterinnen. Der Fettkörper bleibt unverändert sowohl während der Entfaltung als auch während der Degeneration der Wachsdrüsen, die ich 1927 geschildert und in Bildern dargestellt habe. Das beweisen am besten die zwei folgenden Mikrophoto-

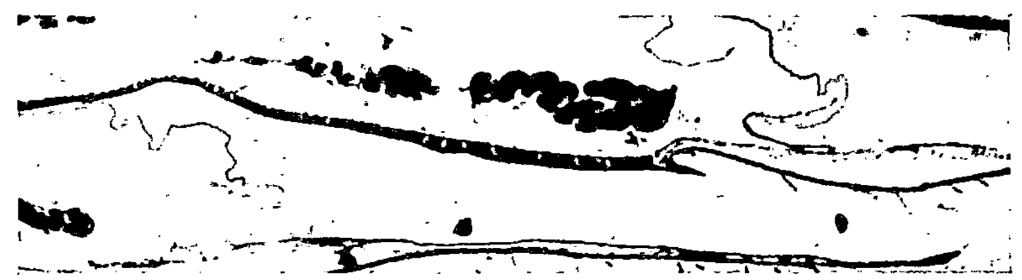

Abb. 18. Stark degenerierte Wachsdrüse einer alten Arbeiterin. Das Fettkörperpaket über dem Segment noch erhalten. Mikrophotographie nach einem Originalpräparat.

graphien. Die eine, Abb. 17, zeigt eine maximal entwickelte Wachsdrüse, die von einer 14 Tage alten Baubiene stammt. Ihre Drüsenzellen sind wesentlich höher als 70 μ. Trotzdem ist der darüber liegende Fettkörper in unverändertem Zustand erhalten. Die zweite Mikrophotographie Abb. 18 zeigt dagegen von einer 22tägigen Biene eine vollständig degenerierte Wachsdrüse, über der aber ebenso unverändert ein Fettkörperpaket angetroffen wird. Im übrigen stammen auch die Abb. 15 und 16 von einer Biene, bei der sich die Wachsdrüsen in der aufsteigenden

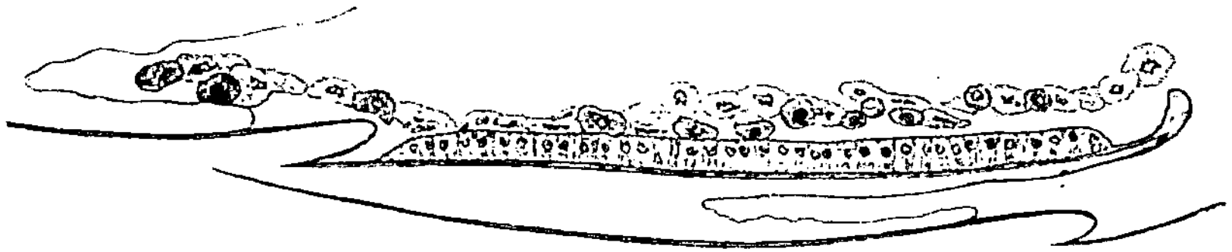

Abb. 19. Wachsdrüse mit aufliegendem Fettkörperlobus. Zeichnung nach einem Originalpräparat.

Phase der Entwicklung befinden, ohne daß irgendeine Beziehung zu dem darüberliegenden Fettkörper festzustellen wäre. *Die Fettzellen liegen schon räumlich immer in einer gewissen Entfernung von dem Wachsdrüsengewebe*, wie sie auch der übrigen Hypodermis nicht direkt aufliegen. Auch FREUDENSTEIN (1925) hat verschiedentlich darauf hingewiesen, daß der Fettkörper weder dorsal noch ventral in eine räumliche Beziehung zu anderen Organen tritt.

Diese Verhältnisse waren bei meinen histologischen Untersuchungen über die Entfaltung der Wachsdrüsen (1927) allgemein so übereinstimmend gefunden worden, daß die Lage des Fettkörpers außerhalb der Betrachtung blieb und auch bei den bildlichen Darstellungen der Einfachheit halber als nebensächlich ignoriert wurde. Erst bei der Durchmusterung der Schnittserien der 267 Baubienen der beiden hier geschilderten Bauversuche (siehe Tabelle 13 und 14) fiel eine Veränderung auf. Es wurden häufiger Bilder gefunden, bei denen die Fettzellenpakete sich direkt auf die Wachsdrüsen gelegt hatten und diesen mehr oder weniger dicht auflagen. Dazu kamen bald Bilder, die zeigten, daß die dicht aufliegenden Fettzellen, besonders auch die Önocyten, mit dem Wachsdrüsengewebe verschmolzen und allmählich ganz verschwanden.

Dieser sonderbare Vorgang vollzieht sich in folgender Weise. Der ganze Fettkörperlobus eines Bauchsegmentes senkt sich auf die rasenförmige Wachsdrüse,

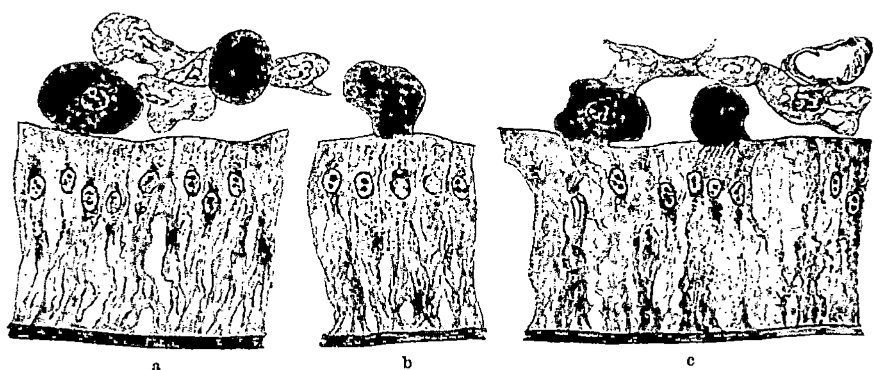

Abb. 20a, b und c. Drei Stadien aus dem Vorgang des Verschmelzens von *Önocyten* mit den Zellen einer Wachsdrüse. a = Önocyten in normaler Größe legen sich auf die Wachsdrüse, b = die Zellmembranen werden aufgelöst, c = der Inhalt der Önocyten fließt in die Wachsdrüsenzellen über. Zeichnungen nach Originalpräparaten (Bleu de Lyon-Färbung).

wie die Abb. 19 zeigt. Die Fettkörperzellen scheinen mit den Wachsdrüsenzellen zu verkleben. Bei starker Vergrößerung zeigt sich jedoch, daß ein viel innigerer Kontakt herrscht. Die Zellmembranen, welche die Wachsdrüsenzellen nach der Leibeshöhle zu scharf abgrenzen (siehe die Mikrophotographie Abb. 17), lösen sich an den Stellen auf, an denen eine Fettzelle oder Önocyte aufliegt, gleichzeitig lösen sich die Zellmembranen der betreffenden Fettzellen oder Önocyten auf und nun ergießt sich der Zellinhalt der Fettkörperzellen ganz allmählich in die Wachsdrüsenzellen.

Besonders deutlich läßt sich dieser Vorgang an den *Önocyten* der einzelnen Fettkörperpakete beobachten. Dadurch nämlich, daß sich der feinkörnige Zellinhalt der Önocyten mit einigen Kernfarbstoffen (Hämatoxylin nach Heidenhain und Delafield) sehr kräftig färbt, viel kräftiger als der Zellinhalt der Fettzellen und vor allem viel kräftiger als die Zellen der Wachsdrüsen, läßt sich dieses Überfließen des dunklen

Önocyteninhaltes in die Wachsdrüsenzellen an den Berührungsstellen auf den Schnittpräparaten besonders deutlich nachweisen. Die Abb. 20a, b und c zeigt drei Stadien dieses Vorganges bei starker Vergrößerung. Die Önocyten können am treffendsten verglichen werden mit Eiskugeln, die auf einen warmen Heizkörper gelegt werden und allmählich zerschmelzen. Der stark gefärbte, körnige Inhalt der Önocyten ist in den Wachsdrüsenzellen selbst noch längere Zeit zu verfolgen; er verteilt sich später offensichtlich noch mehr horizontal auf die benachbarten Wachsdrüsenzellen.

Auf dieselbe Weise vollzieht sich die Verschmelzung der *Fettzellen* des Fettkörpers mit den Wachsdrüsenzellen. Nur ist wegen der geringeren Färbbarkeit dieser Zellen, die in gefärbten Schnittpräparaten genau denselben Farbton annehmen wie die Wachsdrüsenzellen, dieser Vorgang nicht so augenscheinlich und auffällig wie die Verschmelzung der Öno-

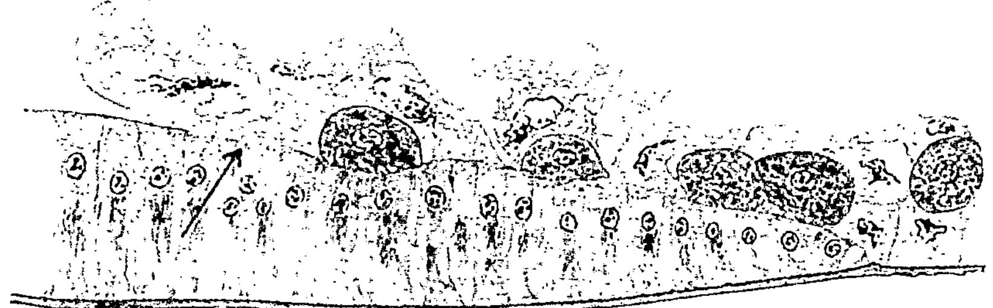

Abb. 21. Stadium aus dem Vorgang der Verschmelzung einer *Fettzelle* mit Wachsdrüsenzellen. Die Stelle ist durch einen Hinweispfeil gekennzeichnet. Zeichnung nach einem Originalpräparat.

cyten mit den Wachsdrüsen. Die Abb. 21 zeigt ein solches Stadium der Verschmelzung von Fett- und Drüsenzellen. Die betreffende Stelle ist durch einen Hinweispfeil besonders markiert. Auch hier erfolgt – – nachdem sich die Fettzellen platt auf die Drüsenzellen gelegt haben – – eine Auflösung der trennenden Zellmembranen, woraus sich schließen läßt, daß der Inhalt der Fettzellen direkt in die Drüsenzellen überwandert. Färberisch läßt sich dies allerdings aus den bereits erwähnten Gründen nicht so deutlich zeigen wie bei den Önocyten. Jedenfalls werden auch die Fettzellen nach dem Ankleben rasch kleiner. Bei ihnen geht übrigens noch ein rascher Zerfall der Zellkerne Hand in Hand mit dem Auflösungsvorgang. Die Kerne der Fettzellen, die ohnedies weniger kompakt und viel verzweigter sind als die runden, prallen Kerne der Önocyten erscheinen, zerfallen bald in Chromatinkörner, noch ehe die Zellen selbst ganz aufgelöst sind. Die Kerne der Önocyten behalten dagegen relativ lange ihre ursprüngliche Form bei.

Bei beiden Zellarten geht jedoch das Verschmelzen mit den Wachsdrüsenzellen so weit, *daß der gesamte Protoplasmaleib der Önocyten und Fettzellen vollständig „resorbiert" wird.* Übrig bleiben von beiden nur

die Chromatinpartikel der aufgelösten Kerne, die auf den inzwischen
wieder geschlossenen Zellmembranen der Wachsdrüsenzellen zerstreut
liegen bleiben. Die Abb. 22 zeigt ein solches Beispiel. Die scharf ab-
grenzenden Zellmembranen sind wieder deutlich erkennbar und den
darauf lagernden Chromatinresten ist nicht mehr anzuerkennen, daß sie
früher die Kerne der Fettkörperzellen zusammensetzten.

Diese Verwendungsmöglichkeit von Fettkörpergewebe zum direkten,
wiederholten Aufbau der Wachsdrüsen der Bienenarbeiterinnen ist
gänzlich neuartig und widerspricht allen Vorstellungen, die man sich
— allerdings größtenteils theoretisch — bisher über die Rolle des Fettkörpers, besonders der Önocyten, bei Insekten gemacht hat[1]. Selbst die
Annahme, daß die Fettzellen des Fettkörpers ein Speicher- und Aus-
gleichsorgan darstellen, das seine Reservestoffe aus dem Blute erhält und

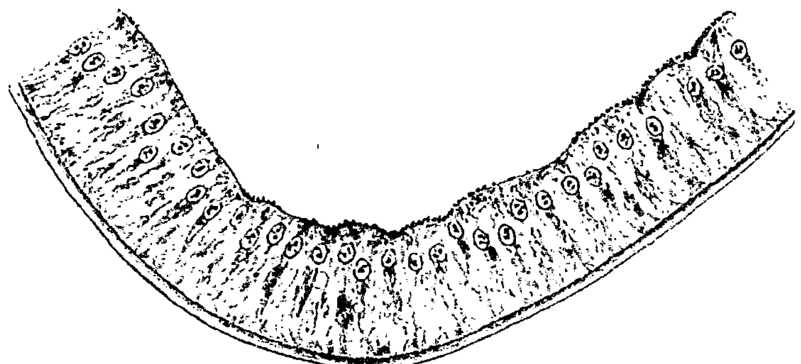

Abb. 22. Ausschnitt aus einer Wachsdrüse mit den darauf lagernden Kernresten von Önocyten
und Fettzellen. Zeichnung nach einem Originalpräparat.

ins Blut wieder abgibt, eine Annahme, die durch Untersuchungen von
A. KOEHLER (1921) für die Bienenarbeiterin wahrscheinlich gemacht
wurde, scheint mindestens unvollständig zu sein. Meine Schnittbilder
zeigten vielmehr, daß der „Abbau" der Fettzellen und Önocyten nicht
auf dem Umwege über die Blutflüssigkeit erfolgte, sondern nur *auf dem
direkten Wege des Kontaktes mit den aufzubauenden Wachsdrüsen.* Das
kann noch im besonderen durch die Abb. 23a und b belegt werden. Aus
diesen Abbildungen ist deutlich ersichtlich, daß die Fettkörperpakete nur
an den Stellen „resorbiert" werden, wo sie den Wachsdrüsenzellen direkt
aufliegen. In Abb. 23a ist die Partie des Fettkörpers, welche jenseits der
Chitinleiste (*Ch*) liegt, an der die Wachsdrüsenanlage beginnt, noch in
ihrer ursprünglichen Ausbildung erhalten. Die Abb. 23b zeigt andererseits, daß auch die Teile des Fettkörpers noch „unangegriffen" sind,

---

[1] Ich kann hier das Problem nur „anhangsweise" behandeln. Auf Grund der
hier kurz skizzierten Beobachtungen habe ich 1928 begonnen die Frage nach der
Funktion des Fettkörpers der Biene experimentell zu bearbeiten. Darüber soll
jedoch im Zusammenhang an anderer Stelle berichtet werden.

welche in den taschenförmigen Intersegmentalhäuten (*J*), also zwischen zwei Bauchsegmenten stecken, wogegen die Fettkörperpartie, die über den Wachsdrüsen lagert, schon weitgehend verschwunden ist. Bei einer Auflösung des Fettkörpers auf dem Umwege über die Blutflüssigkeit müßte natürlich der Fettkörper überall in gleicher Weise verschwinden. Der Vergleich mit dem Eispaket auf dem warmen Heizkörper veranschaulicht den beschriebenen Vorgang der „Resorption" des Fettkörpers durch die Wachsdrüsenzellen also auch in diesem Punkt am besten.

Uns interessiert hier die ganze Erscheinung hauptsächlich im Zusammenhang mit der abnormen Bautätigkeit unseres Versuchsbienen-

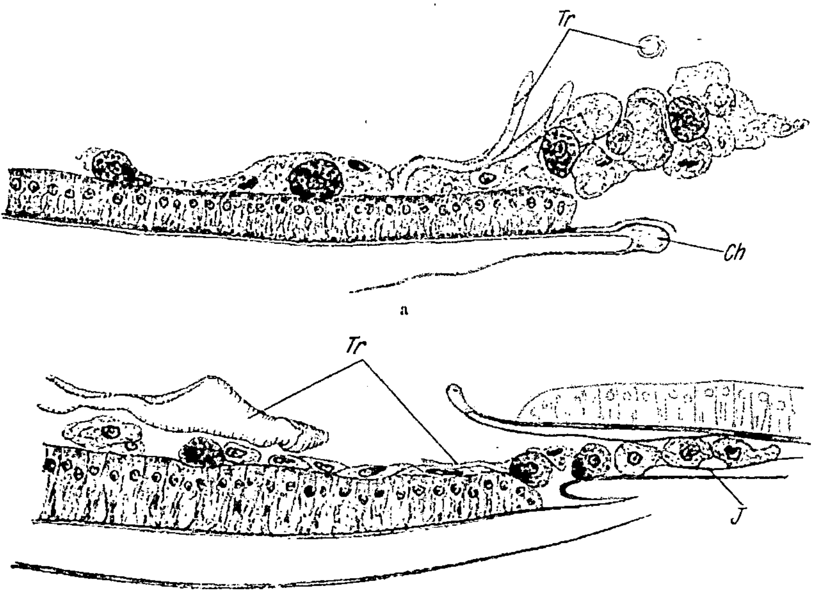

Abb. 23 a und b.   Erklärung im Text.   *Tr* = Tracheen, *Ch* = Chitinleiste der Wachsdrüse, *J* = Intersegmentalhaut.   Zeichnungen nach Originalpräparaten.

volkes. Unter diesem Gesichtspunkt ist noch zu fragen, ob wir durch das Verschmelzen der Fettkörperzellen mit den Wachsdrüsenzellen die Wachsproduktion der abnorm alten Bienen zur Genüge erklären können.

Dafür lassen sich zwei Argumente beibringen. Einmal ist die Wirkung direkt an den Präparaten augenscheinlich. In Fällen, in denen z. B. die eine Hälfte des Fettkörperpaketes sich zuerst auf die Wachsdrüse senkte und dort eingeschmolzen wurde, läßt sich deutlich zeigen, welchen Einfluß dieses Verschmelzen auf die Entfaltung der Wachsdrüsenzellen hat. In diesem Falle zeigt die Wachsdrüsenhälfte, die vom Fettkörper noch nicht erreicht worden ist, eine erheblich geringere Entwicklung gegenüber der anderen (s. d. Abb. 24).

Als zweites Argument kann folgendes gelten: Wenn wir annehmen wollen, daß die ungewöhnliche Ausbildung der Wachsdrüsen bei abnorm alten Bienen durch die Mithilfe des Fettkörpers möglich sei, so müssen wir verlangen, *daß die entwickelten Wachsdrüsen aller Arbeiterinnen, die das normale Baualter überschritten haben*, eine solche Beziehung zum Fettkörper aufweisen, wenn wir nicht eine weitere Möglichkeit annehmen wollen, die die Wachsdrüsenentfaltung der abnorm alten Bienen erklären soll. Diese Forderung zeigt sich aufs beste erfüllt. Ich habe in den Tabellen 13 und 14 (s. S. 43 u. 46) hinter jeder Angabe über die Drüsenhöhe durch ein +-Zeichen angegeben, wenn bei der betreffenden Drüse eine solche Beziehung zum Fettkörper festzustellen war, wie wir sie eben schilderten. Dadurch läßt sich aus den Tabellen direkt entnehmen, wie weit die normale Bauperiode bei den Arbeiterinnen reicht, nämlich bis an die Stelle, an der durch die +-Zeichen hinter den Zahlen der einzelnen Drüsenhöhen kenntlich gemacht ist, daß der Aufbau der Wachsdrüsen durch „Kontaktmitwirkung" des Fettkörpers erreicht wurde. *Wir müssen also zweierlei entwickelte Wachsdrüsenzellen unterscheiden*: einmal solche, die *ohne* direkte Beteiligung des Fettkörpers während der *normalen* Bauperiode entwickelt wurden und zum anderen solche, *bei denen der Fettkörper* durch direkte Kontaktauflösung *mithalf* — bei den abnorm alten Baubienen.

Ich glaube, daß unsere Unterscheidung in „normale" und „abnormale" Baubienen wohl gerechtfertigt ist durch den Nachweis, daß die Entfaltung ihrer Wachsdrüsen bei der einen Gruppe auf gänzlich verschiedene Weise erfolgt ist als bei der anderen. Das soll vor allem deshalb hier noch einmal besonders hervorgehoben werden, um dem Versuch vorzubeugen, in Zukunft von einer „möglichen" Bauperiode vom 12. bis etwa zum 26. Tagalter zu reden. Ich habe zur Genüge darauf hingewiesen, daß die „abnormen" Baubienen nur unter den geschilderten Versuchsbedingungen zum Vorschein kamen, die in dem Mangel an Bienen der „normalen" Bauperiode bestand[1].

Es ist zwar noch nicht nachgewiesen, doch nicht ausgeschlossen, daß ein solches Infunktiontreten älterer Bienen beim Baugeschäft *auch unter natürlichen Lebensbedingungen eines Bienenvolkes vorkommen kann*. Ich denke dabei besonders an das rasche Ausbauen einer neuen Wohnung durch einen *Bienenschwarm*, der immer wieder durch seine ungeheure Bauleistung imponiert, die möglicherweise auf die Mithilfe dieser älteren Baubienen zurückzuführen ist. Die Erfahrung zeigt, daß diese gewaltige Bauleistung der Schwärme dann rasch wieder erschöpft ist und nun durch nichts mehr hervorgerufen werden kann bis wieder eine junge Generation Bienen zur Verfügung steht. Auch dieser Umstand würde sich gut mit der Annahme der Mithilfe der alten Bienen und der Art der Entfaltung ihrer Wachsdrüsen vertragen.

---

[1] Das ist vor allem auch bei einer Nachprüfung dieser Ergebnisse zu bedenken.

Noch ein weiterer Punkt muß kurz erwähnt werden. Ich habe in den Abb. 15—23 immer nur Situationen gezeigt, in denen die Verschmelzung der Fettkörperzellen mit relativ *gut entwickelten* Wachsdrüsen zu sehen war. Das geschah jedoch lediglich aus dem Grunde, weil an den entwickelten Wachsdrüsen der Übertritt des Plasmas der Önocyten besser zu sehen ist. Selbstverständlich beobachtet man ebensoviel Fälle (siehe die mit $+$-Zeichen versehenen Zahlen der Tabellen 13 und 14), wo sich der Fettkörper auf ganz oder fast ganz degenerierte Wachsdrüsen gesenkt hat, an denen sich nun sichtbarlich dieselben Vorgänge der Verschmelzung und des Aufbaues vollziehen. Ein solches Beispiel gibt die Abb. 24 [1].

Abb. 24. Der Fettkörperlobus hat sich auf eine bereits degenerierte Wachsdrüse gelegt. An den Berührungsstellen ist ein deutliches Anschwellen der Wachsdrüsenzellen zu erkennen. Zeichnung nach einem Originalpräparat.

Allerdings lassen sich keine Anhaltspunkte dafür finden, ob es gelingt, auf diese Weise eine *vollständig degenerierte* Wachsdrüse wieder auf die funktionsfähige Höhe zu bringen, oder ob dies nur in den Fällen möglich ist, wo die Wachsdrüsen noch auf einem gewissen Stadium der Entwicklung bzw. Degeneration sich befinden. Aber gerade diese extremen Fälle zeigen uns, daß es richtig ist davon zu sprechen, daß *die Wachsdrüsen sich ein zweites Mal entwickeln können*, und nicht davon, daß die Wachsdrüsen bei den abnorm alten Baubienen nur den Rückbildungstermin überschritten hätten. Denn selbst dort, wo es sich scheinbar um die Verzögerung des Rückbildungstermins handelt (bei den jüngsten der abnorm alten Baubienen), kommt diese nur auf der Grundlage zustande, die im Prinzip zur zweiten Entfaltung der Wachsdrüsen mit Hilfe des Fettkörpers führt.

C. Wie finden sich einzelne Arbeiterinnen, deren normales Arbeitsprogramm gestört wurde, in dem Arbeitsreglement eines Bienenvolkes wieder zurecht?

Nachdem in den vorhergehenden Abschnitten gezeigt wurde, daß die Arbeiterinnen eines Bienenvolkes „als Ganzes" sehr wohl in der Lage sind, auf eine gestellte Aufgabe zweckmäßig zu reagieren, schien es erwünscht, mit Einzeltieren in derselben Richtung Versuche anzustellen, soweit solche Versuche bei der sozialen Honigbiene überhaupt durch-

---

[1] Auf dieser Abbildung ist zugleich auch zu sehen, wie an den Stellen, an denen ein Übertreten des Önocyteninhaltes stattfindet, die Wachsdrüsenzellen höher sind als diejenigen ihrer Umgebung.

zuführen sind. Nachdem sich vor allem gezeigt hatte, daß wir für dieses zweckmäßige Reagieren noch keine genügende Erklärung vorbringen können, war zu hoffen, *aus dem Studium des Verhaltens der Einzeltiere* Schlüsse für eine Definition dieses Verhaltens bei abgeänderten Bedingungen zu erarbeiten.

Die Versuche wurden im Sommer 1927 und 1929 angestellt und sind – – obwohl in ihrer Art lediglich durch das in unserem Falle Mögliche bedingt – – noch nach anderer Richtung hin sachlich eine willkommene Ergänzung zu den Versuchen der ersten Kapitel. Nachdem wir bisher erfuhren, wie sich Bienen verhalten, die nach einem *normalen* in einen *abnormalen* Zustand versetzt wurden, sollen die folgenden Versuche zeigen, wie sich Bienen verhalten, die zuerst unter *abnormen* Bedingungen lebten und erst dann wieder in *normale* Verhältnisse gebracht wurden.

a) Die Methode.

In allen Versuchen wurden junge, frisch geschlüpfte Bienen, anstatt sie auf den Waben zu belassen, in Gefangenschaft gesetzt, wo ihnen jede adäquate Betätigungsmöglichkeit fehlte. In gewissen Zeitabschnitten wurden dann einzelne Bienen freigelassen und ihr Verhalten in einem normalen Volk weiter beobachtet.

Da einzelne Arbeiterinnen außerhalb des sozialen Verbandes rasch zugrunde gehen, wie GOETSCH (1923) für Bienen und Ameisen gezeigt hat, setzte ich zunächst die betreffenden Bienen in Portionen von fünf bis zehn Stück in kleine Käfige, die auf den Waben im Volk befestigt wurden. Diese Art der Gefangensetzung wurde jedoch bald als unzureichend wieder verlassen. Die gefangenen Bienen verhielten sich schon nach wenigen Tagen in den Käfigen derart aufgeregt, daß sie bald zugrunde gingen. Im übrigen war die Fütterung der gefangenen Bienen durch die Bienen des Volkes unkontrollierbar. Nun kann gerade die Ernährung der gefangenen Bienen von entscheidender Bedeutung bei unseren Versuchen sein, so daß ein anderer Weg eingeschlagen werden mußte.

Wie GOETSCH (1923) weiter gezeigt hat, gelingt es jedoch, einzelne Arbeiter isoliert zu halten, wenn man den Bienen eine Königin beigibt. In der praktischen Imkerei wird diese Tatsache schon längst ausgenützt, wenn auch von der entgegengesetzten Seite her: Da auch eine Königin nicht allein leben kann, gibt man ihr z. B. beim Versand auf weiten Strecken in den Käfig ein paar Arbeitsbienen zu, welche die Königin füttern und pflegen. Das Ganze stellt so eine Miniaturkolonie dar, der jedoch durch die Gefangenschaft jede Betätigungsmöglichkeit genommen ist. Die Tatsache, daß die Arbeiter die Königin füttern (obwohl die Königin zum Teil auch selbst frißt), also doch eine Funktion ausüben, ist ohne jede Bedeutung, da das Füttern der Königin – –bei entsprechender Ernährung des Käfigs — nichts anderes darstellt als das dauernde gegenseitige Füttern der Arbeiter untereinander, wie später leicht zu zeigen sein wird.

Für alle Versuche, die im folgenden hier Erwähnung finden, wurden daher ausschließlich die in Abb. 25 gezeigten Käfige benutzt, die als „Königinversandkäfige" in Bienenzuchtgerätegeschäften zu beschaffen sind. Die mittlere der drei in einen Holzblock eingebohrten Kammern dient der Königin und den Begleitbienen als „Wohnraum". Die beiden Kammern links und rechts, die mit dem Wohnraum in Verbindung stehen, dienen zur Aufnahme des Futters einerseits und eines stets naß zu haltenden Schwämmchens andererseits, das einer Durstnot der Bienen vorbeugt. Die mit 30—50 Arbeiterinnen und einer Königin besiedelten Käfige werden am besten an einem *dunklen* Ort aufbewahrt, an dem sich die Bienen vollständig ruhig verhalten. Ein Verbringen in einen Brutschrank, der auf der Bruttemperatur des Bienenvolkes gehalten wird, ist nicht nur überflüssig, sondern auf die Dauer sogar ungeeignet, wie ich durch eine Reihe vergleichender Versuche feststellte. Für gewöhnlich verwahrte ich eine Portion besiedelter Käfige in einer Tischschublade meines Arbeitszimmers.

Abb. 25. Ein Königin-Versandkäfig mit Drahtgaze und Dekkel, wie er zur Gefangensetzung der Arbeiterinnen benutzt wurde. Etwa $\frac{1}{3}$ der natürlichen Größe.

Natürlich ist die Dauer, auf diese Weise Bienen isoliert zu halten, keine unbegrenzte. *Eine 26tägige Gefangenschaft ist die längste, die ich so erzwingen konnte.* Dabei ist es ungefähr gleichgültig, wie alt die Bienen sind, die gefangen gesetzt werden. Manchmal schien es zwar, daß frischgeschlüpfte Arbeiter am längsten aushalten, Flugbienen dagegen am kürzesten[1]. Der Grund, warum eine längere Gefangenschaft nicht durchführbar ist, liegt wohl an der Methode selbst, und zwar darin, daß die Defäkation der Bienen zum Verhängnis wird. Zwar wird auch im Käfig genau wie im Stock die Defäkation der Arbeiter *zunächst* unterlassen und der Kot der Königin von den Arbeitern aufgefressen. Bei länger als 10tägiger Gefangenschaft macht sich jedoch der Mangel eines Reinigungsausfluges stark geltend.

---

[1] Es war im übrigen auch gleichgültig, ob die beigegebene Königin begattet oder unbegattet war.

Nach dieser Zeit wird eine Defäkation im Käfig immer häufiger, die dann
bald zu einem Beschmutzen und Verkleben der Arbeiter und damit zu
einem raschen Absterben der Bienen im Käfig führt. Ein Umquartieren
der Bienen in einen neuen Käfig bringt gewöhnlich wenig Erfolg. Ich habe
auch versucht, diesen mißlichen Umstand dadurch zu beheben, daß ich
die Bienen von Zeit zu Zeit in einem großen hellen Raum ans Fenster
fliegen ließ, um ihnen so eine natürliche Reinigung im Flug zu ver-
schaffen, doch ist der Erfolg auch dieses umständlichen Unternehmens
ein zweifelhafter, weil die Bienen auf ihren Reinigungsausflügen für
gewöhnlich größere Flugkreise ziehen als ihnen hier geboten werden
konnten. Deshalb wurde im allgemeinen darauf verzichtet und versucht,
die Bienen durch Umquartieren in immer neue Käfige so lange wie
möglich in Gefangenschaft zu halten.

Wie stark die Verluste bei dieser Art der Gefangenschaft trotzdem
noch waren, geht daraus hervor, daß von etwa 250 frisch geschlüpften,
markierten Bienen, die in 15 verschiedenen Versuchen in Käfige gesetzt
wurden, nur 62 Stück *in ein normales Bienenvolk zur Beobachtung zurückgegeben* werden konnten, und zwar:

15	Stück,	die	5	Tage gefangen waren
5	,,	,,	8	,,	,,	,,
18	,,	,,	10	,,	,,	,,
13	,,	,,	15	,,	,,	,,
2	,,	,,	18	,,	,,	,,
5	,,	,,	19	,,	,,	,,
3	,,	,,	21	,,	,,	,,
1	,,	,,	26	,,	,,	,,

Überdies wurden jedoch außer diesen 62 Stück aus demselben Material noch 34 gefangene Arbeiterinnen *zur histologischen Untersuchung
fixiert*, und zwar:

8	Stück,	die	5	Tage gefangen waren
5	,,	,,	8	,,	,,	,,
11	,,	,,	10	,,	,,	,,
8	,,	,,	15	,,	,,	,,
2	,,	,,	19	,,	,,	,,

Alle Arbeiterinnen, die nach der Gefangenschaft wieder in das Bienenvolk gegeben werden sollten, wurden nach dem früher bewährten Prinzip
zuerst kurz in Honigwasser gebadet; anderenfalls werden solche Bienen,
die einige Zeit unter fremden Arbeiterinnen oder mit einer fremden
Königin zusammenlebten, wegen des fremden Nestgeruches im Bienenstock sofort feindlich behandelt und aus dem Stock gebissen, selbst
wenn es sich um Bienen handelt, die früher im selben Stock geschlüpft
waren.

b) Die Beobachtungen.

Das Verhalten der Arbeiterinnen, die nach dem Schlüpfen *5 Tage lang gefangen gehalten* wurden, war (nach dem Wiederverbringen in den Beobachtungsstock) eindeutig: Nachdem sie von den Stockbienen abgeleckt waren, begaben sich alle unverzüglich auf die Brutwaben und noch am selben Tage konnten die meisten von ihnen beim *Zellenputzen* beobachtet werden. Sie entfalteten also ein Verhalten, das für frisch geschlüpfte Arbeiterinnen typisch ist und beginnen die Arbeitskette wieder von vorn.

Das zeigte besonders deutlich eine Gruppe von 11 gezeichneten Arbeiterinnen, die nach 5tägiger Gefangenschaft (am 16. VII. 27) wieder in ein Bienenvolk zurückgegeben wurden und bereits nach 2 Tagen das Geschäft des Zellenputzens mit dem *der Brutpflege alter Larven* vertauschten. Darüber gibt die folgende Tabelle 15 zahlenmäßigen Aufschluß:

Tabelle 15.

Biene Nr.	Gefangen gehalten	Im Stock seit	Pflegt am	Zelle Nr.	Zelle gedeckelt am	Alter der Larve	Alter der Biene
26	5 Tage	16. VII.	18. VII.	26/1	19. VII.	5 Tage	7 Tage
35	5 „	„	18. VII.	35/1	19. VII.	5 „	7 „
35	5 „	„	18. VII.	35/2	19. VII.	5 „	7 „
32	5 „	„	18. VII.	32/1	19. VII.	5 „	7 „
29	5 „	„	19. VII.	29/1	20. VII.	4 „	8 „
34	5 „	„	18. VII.	34/1	20. VII.	4 „	7 „
31	5 „	„	18. VII.	31/1	20. VII.	4 „	7 „
33	5 „	„	19. VII.	33/1	20. VII.	5 „	8 „
27	5 „	„	19. VII.	27/1	20. VII.	5 „	8 „
38	5 „	„	20. VII.	38/1	21. VII.	5 „	9 „

In diesen Tagen der ersten Brutpflege unternahmen die betreffenden Arbeiterinnen dann auch ihre *ersten Orientierungs- und Reinigungsausflüge*. Es muß jedoch hier schon erwähnt werden — und das gilt für alle ohne Unterschied der Dauer ihrer Gefangensetzung —, daß die gefangengehaltenen Bienen alsbald nach dem Wiederverbringen in den Bienenstock versuchen, einen Reinigungsausflug zu halten, es sei denn, daß schon im Käfig oder bei der Befreiung aus dem Käfig eine Defäkation stattgefunden hat. *Deshalb kann der Zeitpunkt des ersten Ausfluges aus dem Stock kein Datum darstellen, das mit dem entsprechenden Verhalten unter natürlichen Bedingungen verglichen werden könnte.* Die Beobachtung zeigte, daß der Reinigungsausflug um so früher stattfand, je länger die Bienen gefangengehalten wurden. Wie im folgenden noch gezeigt wird, führte dieser Umstand in einigen Fällen sogar soweit, daß die nach der Gefangenschaft wieder in den Stock gesetzten Bienen zum Teil sofort wieder die Bienenwohnung verließen, um sich zu reinigen, ohne orientiert

zu sein. In solchen Fällen fanden die betreffenden Arbeiter natürlich
nicht wieder zum Flugloch zurück und waren für die Beobachtung verloren.

Auf die Zeit der Brutpflege folgte bei den in Tabelle 13 aufgeführten
Arbeiterinnen in der Zeit vom 20. VII. bis 26. VII. „programmäßig" die
Pflege junger Larven, zu einer Zeit also, zu der die Bienen 4—10 Tage im
Stocke lebten und 9—15 Tage alt waren. In den weiteren 2 darauf-
folgenden Tagen schon wurde bei den meisten von ihnen das typische
Verhalten festgestellt, wie ich es (1925) für die „zweite Periode im Stock"
beschrieben habe: Nr. 31, 35, 28 und 29 wurden beim „Futterabnehmen"
beobachtet, Nr. 27 und 29 beim „Pollenstampfen" und von acht Stück
dieser Gruppe beobachtete ich am 26. VII. und in den nächsten Tagen
wiederholt größere Orientierungsausflüge.

Am 1. VIII., also nach einem „Stockalter" von 15 Tagen und einem
„Gesamtalter" von 20 Tagen stellte ich von den ersten Arbeitern dieser
Gruppe eine Sammeltätigkeit fest. Zwei Bienen (Nr. 28 und 38) trugen
Pollen ein und vier weitere (Nr. 29, 31, 34 und 35) waren zu Nektar-
sammlern geworden.

*Durch die 5tägige Gefangenschaft wird also der spätere Ablauf der
Arbeitskette im Stock in keiner Weise beeinflußt.*

Von den *8 Tage lang gefangengehaltenen* Arbeitern kam eine kleine
Gruppe von fünf Stück am 7. VII. 27 zur Beobachtung. An diesen Bienen
wurde zum erstenmal festgestellt, daß sich die Bienen des Volkes gegen
die eingesetzten Arbeiter aus den Käfigen feindselig benahmen, obwohl
diese von derselben Königin abstammten und vor dem Einsetzen wie
gewöhnlich in Honigwasser gebadet worden waren. Diese Reaktion kann
unter Umständen soweit führen, daß die eingesetzten Arbeiter heftig an-
gegriffen und aus dem Stock geworfen werden. In günstigeren Fällen
beschränkt sie sich auf einen vorübergehenden Angriff, der sich jedoch
ohne ersichtlichen Grund in den nachfolgenden Tagen wiederholen kann.

Auch von den eben erwähnten fünf Arbeitern, die nach 8tägiger Gefangenschaft in das Beobachtungsvolk gegeben worden waren, wurden
drei Stück feindlich aus dem Stocke gebissen, obwohl sie sich ebenso
passiv verhielten wie die beiden verbliebenen.

Von diesen beiden ist nun genau dasselbe zu berichten, wie von den
oben geschilderten 5 Tage gefangenen: Auch sie machten sich sofort ans
Zellenputzen, gingen beide nach 2tägigem Stockaufenthalt an die Pflege
alter Larven, unternahmen nach 5 Tagen ihre ersten Ausflüge, über-
nahmen nach 7 Tagen den Dienst als Futterabnehmer und wurden nach
8 bzw. 9 Tagen (also mit einem „Gesamtalter" von 16 bzw. 17 Tagen) zu
Sammelbienen.

*Also auch eine 8tägige Verzögerung vor dem Beginn der Betätigung kann
eine Änderung der Arbeitskette nicht herbeiführen.* Auch diese Bienen hol-

ten ihr „Arbeitspensum" nach der Gefangenschaft nach und absolvierten es in der bekannten Reihenfolge. Freilich erweckten die bisherigen Angaben den Eindruck, als ob die Arbeitskette von den gefangen gehaltenen Bienen in einem kürzeren Zeitabschnitt durchlaufen würde als von solchen Arbeiterinnen, die nach dem Schlüpfen normalerweise im Stock verbleiben. Die Feststellung, daß die Arbeiter, die zuerst 8 Tage gefangen saßen, fast zum selben Zeitpunkt zu Sammelbienen wurden wie diejenigen, die nur 5 Tage gefangen waren, legt die Vermutung nahe, daß die Arbeitskette in dem Maße rascher absolviert würde, wie die Gefangenschaft länger gedauert hatte, so daß also auf jeden Fall zu einem bestimmten Zeitpunkte, z. B. bei einem „Gesamtalter" von etwa 20 Tagen, die letzte Etappe erreicht würde. Das trifft jedoch nicht zu, wie wir bald sehen werden.

Das Verhalten der 10tägig gefangen gehaltenen Arbeiterinnen wurde an vier Gruppen zu je fünf Bienen studiert, die zu verschiedenen Zeitabschnitten (am 4. VII., 16. VII., 17. VIII. und 22. VIII.) in das Volk zurückgegeben wurden. Am interessantesten ist die Gruppe, die am 16. VII. 27 zusammen mit den oben in Tabelle 15 erwähnten 11 Arbeiterinnen in den Stock gesetzt wurden, so daß also *gleichzeitig nebeneinander* Arbeiterinnen beobachtet werden konnten, die zum Teil 10 Tage (Nr. 15—20) und zum Teil 5 Tage (Nr. 26—38 der Tabelle 13) gefangen waren. Die nach 10 Tagen ins Volk zurückgegebenen Arbeiter absolvierten in ganz derselben Weise wie die Vergleichstiere ihr Arbeitspensum. Und was im Zusammenhang mit der eben angeschnittenen Frage besonders zu erwähnen ist: *Sie durchliefen die Arbeitskette in beinahe genau denselben Zeitabschnitten.* Nach 2tägiger Zellenputzertätigkeit wurde (am 18. VII.) Brutpflege an alten Larven beobachtet, nach 7 Tagen die Fütterung junger Larven[1], nach 8 Tagen waren zwei (von den fünf beobachteten) Arbeitern als Wächterbienen tätig, nach 10 Tagen „Stockaufenthalt" war eine von ihnen, nach 15 Tagen (am 1. VIII.) alle zu Sammelbienen geworden, genau zur selben Zeit also wie ihre um 5 Tage weniger gefangen gehaltenen Stockgenossen, obwohl jene Arbeiter jetzt 25 Tage alt waren.

Aus diesen Vergleichsbeobachtungen geht also deutlich hervor, daß eine Gefangenschaft frisch geschlüpfter Arbeiter bis zu 10 Tagen keinen Einfluß auf die Art der Arbeitsbetätigung hat und daß ein etwaiges rascheres oder langsameres Absolvieren der Arbeitskette nach dem Verbringen in ein Bienenvolk *innerhalb der Zeitgrenzen liegt, die ich 1925 schon für normale Arbeiterinnen feststellte.*

Von drei weiteren Bienen der zweiten Gruppe der 10 Tage gefangen

---

[1] Die Reinigungs- und Orientierungsausflüge fanden bei zwei der Bienen schon nach einem Tage, bei den restlichen drei am dritten Tage statt.

gehaltenen Arbeiterinnen konnte nach dem Zurückgeben in das Beobachtungsvolk (4. VII.) dasselbe Verhalten mit denselben Zeitintervallen festgestellt werden, das deshalb hier nicht wiederholt zu werden braucht. Die beiden restlichen Gruppen aus je fünf Arbeiterinnen zeigten jedoch alle das Verhalten, das wir oben schilderten: Meistens bald nach dem Verbringen in den Beobachtungskasten suchten sie aufgeregt und planlos auf den Waben solange herum, bis sie zum Flugloch fanden, das sie dann sofort ohne jede Orientierung verließen und nicht wieder zum Stock zurückkehrten. Jedenfalls waren alle von ihnen am 3. Tag aus dem Stock verschwunden.

Die oben ausgesprochene Vermutung, daß dieses fluchtartige Verlassen des Stockes auf ein ungewöhnliches Reinigungsbedürfnis zurückzuführen sei, wurde bestärkt, nachdem ich feststellen mußte, daß *alle länger als 10 Tage gefangen gehaltenen Bienen dasselbe Verhalten zeigten.* Sicherlich ist dies jedoch nicht die einzige Ursache. Ich habe natürlich versucht, weitere Arbeiterinnen, die 15, 17, 19 und 26 Tage lang gefangen waren und sich nachweislich gereinigt hatten, ehe sie dem Volke zurückgegeben wurden, zu beobachten, jedoch mit demselben negativen Erfolg. Demnach scheinen diese Bienen eine schwere körperliche (oder psychische) Schädigung durch die lange Gefangenschaft erlitten zu haben.

Jedenfalls war durch diesen mißlichen Umstand unseren Versuchen eine unerwünschte Grenze gesetzt, die zu überwinden sich bis jetzt noch keine Möglichkeit gezeigt hat.

Ich habe bei den methodischen Vorbesprechungen hervorgehoben, daß es vielleicht nicht gleichgültig ist, wie die gefangen gehaltenen Bienen in den Käfigen gefüttert werden. In den bis jetzt geschilderten Versuchen wurden die Käfige ausschließlich mit einem Gemisch von Honig und Zucker (dem in der praktischen Bienenzucht bekannten Zuckerteig) gefüttert. Das hatte zur Folge, daß bei den gefangen gehaltenen Bienen jeden Alters die Kopfspeicheldrüsen unentwickelt blieben, wie ich an den oben (S. 60) erwähnten 34 Kontrolltieren im Alter von 5-–19 Tagen feststellte, die aus denselben Gruppen stammten wie die zur Beobachtung gelangten Bienen. Wir können also zur weiteren Definition der hier verwendeten Versuchsbienen noch hinzufügen, daß sie bei ihrem Zurückversetzen in das Bienenvolk *alle vollständig unentwickelte Kopfspeicheldrüsen* hatten und daher diese zur Produktion des zur Brutpflege nötigen Futtersaftes erst entfalten mußten, wie tatsächlich an einigen Stichproben auf Schnittserien festgestellt wurde.

Damit erhebt sich jetzt die neue Frage: Wie verhalten sich entsprechende Arbeiterinnen, die während ihrer Gefangenschaft eine Nahrung bekommen, welche ihre Kopfspeicheldrüsen in den normalen Zeitabschnitten zur Entfaltung bringt?

Versuche, die auf eine Beantwortung dieser Frage abzielten, wurden im Sommer 1929 angestellt. Es ist allgemein bekannt, und neuerdings wieder durch SOUDEK (1927) erwiesen worden, daß sich die Futtersaft produzierenden Kopfspeicheldrüsen bei der Bienenarbeiterin nur bei eiweißreicher Ernährung entwickeln, wie sie mit dem Verzehren von Blütenstaub im Stock gegeben ist. In einer weiteren Versuchsreihe wurden daher die in den Käfigen gefangen gesetzten Bienen mit einem Honig-Pollengemisch in einem Gewichtsverhältnis von 14 : 1 gefüttert. An 12 Kontrolltieren, von denen

3 Stück nach 5tägiger Gefangenschaft,
3 ,,   ,, .7 ,,   ,,
6 ,,   ,, 10 ,,   ,,

nach der angegebenen Honig-Pollenfütterung histologisch auf Schnitt-serien untersucht wurden, zeigten sich erwartungsgemäß die Kopf-speicheldrüsen auf einem Stadium der Entfaltung, das zwar nicht ganz demjenigen entsprach, das wir von gleichaltrigen Bienen kennen, die unter normalen Bedingungen im Stock leben, das jedoch gegenüber den, bei reiner Zucker- oder Honigfütterung gefangen gehaltenen Bienen als gut entwickelt bezeichnet werden muß.

Trotzdem führten die Beobachtungen dieser Bienen (nach ent-sprechenden Tagen Gefangenschaft) überraschenderweise zu denselben Ergebnissen wie die bereits geschilderten. Es gelangten zur Beobachtung:

4 Bienen nach 5tägiger Gefangenschaft,
11 ,,   ,, 7 ,,   ,,
8 ,,   ,, 10 ,,   ,,

die alle *übereinstimmend trotz der zur Brutpflege vorbereiteten, entfalteten Futtersaftdrüsen (Kontrollbienen) mit ihrer Betätigung am Anfang der Arbeitskette — beim Zellenputzen — einsetzten* und sich nicht, wie man hätte erwarten können, der Brutpflege zuwandten.

Die Ergebnisse dieses Abschnittes sind weniger ergiebig als ich er-hoffte[1]. Trotzdem zeigen die Versuche ganz eindeutig nach einer Rich-tung: Gegenüber den beiden ersten Abschnitten dieser Arbeit tritt uns hier das Prinzip der Arbeitsteilung nach dem Alter wieder in der ursprüng-lich starren Form entgegen, die wenn irgendmöglich beibehalten wird; in unserem Falle also selbst von Arbeiterinnen, die nach dem Schlüpfen einige Tage tätigkeitslos gefangen gehalten wurden und dann in ein nor-males Bienenvolk zurückversetzt worden sind. Diese scheinbare Kontro-verse der Ergebnisse wird uns im folgenden Kapitel noch einmal be-schäftigen.

---

[1] Doch sind die Versuchsmöglichkeiten damit keineswegs erschöpft und können noch weiter variiert werden, was ich mir jedoch für eine spätere Bearbei-tung dieses Gegenstandes vorbehalten möchte.

D. Allgemeine Betrachtung über die Arbeitsteilung im Bienenstaat. Weitere Probleme.

Die Art der Bewältigung der Arbeiten im Bienenvolk, die wir kurz als die „Arbeitsteilung nach dem Alter der Einzelindividuen" bezeichnen können, stellt ein Problem dar, über das in verschiedener Richtung noch ein paar allgemeine Bemerkungen zu machen sind.

Man ist zunächst geneigt, die Arbeiten der Einzeltiere der sozialen Honigbiene, das etappenweise Absolvieren der einzelnen Tätigkeiten, mit dem Lebens- und Tätigkeitszyklus der *solitär lebenden* Bienen zu vergleichen. Die solitären Bienenweibchen gehen bekanntlich ganz allgemein so vor: Sie bauen zuerst einen geeigneten Hohlraum als Brutzelle aus, füllen diese Brutzelle mit einem aus Honig und Pollen bestehenden Futterballen, auf den dann ein Ei gelegt wird. Darauf wird die Brutzelle wieder verschlossen und das Weibchen schreitet zur Schaffung und Besiedelung einer neuen Brutzelle.

Die Tatsache allein, daß die solitären und sozialen Bienen in einer „Reihenfolge" arbeiten, ist jedoch nur ein oberflächlicher Anlaß zu einem Vergleich. Wenn eine Solitäre eine Gruppe von Arbeiten zu erledigen hat, so kann sie dies, da sie es in der Zeit tut, nur in einer „Reihenfolge" tun, die deshalb an sich noch kein Problem darstellt. Auch sind die Glieder der Arbeitskette einer sozialen Arbeiterin in ihrer Aufeinanderfolge so *prinzipiell verschieden* von denen des Arbeitszyklus der Solitärbiene, daß uns der Vergleich keinen Aufschluß geben könnte auf die Frage, warum die Arbeiterin des Bienenstaates die zu leistenden Arbeiten in den bekannten Etappen absolviert.

Die Art und Aufeinanderfolge, in der die *solitäre* Biene die zu leistenden Arbeiten abwickelt, entspricht ganz und gar *der Fürsorge um ihre Nachkommen.* Betrachten wir unter diesem Gesichtspunkte jedoch das Prinzip, nach dem die *soziale* Arbeiterin ihre Arbeiten erledigt, so müssen wir feststellen, daß die normalerweise eingehaltene Reihenfolge *sie ganz außerstand setzen muß, eigene Nachkommen regulär, d. h. von Anfang an aufzuziehen!* Ich brauche hier nur noch einmal kurz daran erinnern, daß eine *Apis*-Arbeiterin im sozialen Verband *zuerst alte* Larven und *dann junge* Larven pflegt, ihren Bautrieb erst dann entfaltet, *nachdem* sie das Brutpflegegeschäft bereits hinter sich hat und „ihre" Larven mit Futter pflegt, das sie selbst gar nicht gesammelt hat, da sie ja erst zum Schlusse ihrer Tätigkeitsreihe zur Sammelbiene wird.

Das Prinzip der Arbeitsteilung, wie wir es bei der Honigbiene antreffen, ist also *spezifisch auf den dauernd sozialen Verband zugeschnitten* und als solches *unter den bei der Honigbiene gegebenen biologischen Bedingungen außerordentlich zweckmäßig,* wie eine kurze Rekapitulation der normalen Arbeitsteilungsverhältnisse zeigen kann. Schon der Umstand, daß die junge, frischgeschlüpfte Arbeiterin, die noch flugunfähig und

relativ unentwickelt ist, sich der Arbeit des Zellenputzens zuwendet, zu
der ihr Zustand ausreichend zu sein scheint, ist hier hervorzuheben. Bei
der darauf folgenden Versorgung alter Larven mit Honig und Pollen geht
eine starke „Kräftigung" der Arbeiterin durch die nachweisliche Eigen-
zehrung von Honig und Pollen Hand in Hand, die kaum einen „Mehr-
aufwand" bedeutet. Dadurch kann dann die Pflege junger Larven (mit
der eine solitäre Biene bei ständiger Larvenernährung beginnen müßte,
die jedoch bei der Arbeiterin von *Apis mell.* bekanntlich die Entfaltung
der Futtersaftdrüsen voraussetzt), auf ein Altersstadium der Arbeiterin
verlegt werden, bis zu welchem sie bereits die „Vorbereitungen" zu dieser
Tätigkeit „nutzbringend" verbrachte. Niemals steht ferner eine frischgeschlüpfte Arbeiterin vor der Aufgabe, sich alsbald nach ihrem Schlüpfen als Baubiene zu betätigen, wie das bei einer solitären Biene in der
Regel der Fall ist, da das einmal fertige Wabenwerk immer wieder verwendet wird, und im Sommer, zur Zeit der Entfaltung und Vergrößerung
des Baues, immer Arbeiter aller Altersklassen im Volk sind[1]. Deshalb
liegt die Bauetappe auf einem späteren, günstigeren Abschnitt der
Arbeitskette, deshalb günstiger, weil auch hier wieder die Zeit, die zur
Entfaltung der wachsproduzierenden Drüsen nötig ist, inzwischen durch
andere Tätigkeiten für den Staat nutzbringend ausgefüllt werden kann.

Selbst der Umstand, daß das Sammelgeschäft bei unserer *sozialen*
Honigbiene den *letzten* Abschnitt in der Arbeitskette bildet, ist ein typisches Korrelat des Sozialverbandes und von offensichtlicher Zweckmäßigkeit für den Staat. Diese Tatsache allein ermöglicht es, daß ein
Mehr an Vorräten geschaffen werden kann, als der augenblickliche Ver-
brauch des Volkes es fordert. Das Vorhandensein der Vorräte dagegen
ermöglicht andererseits erst wieder die Überwinterung des Volkes und
damit einen Fortbestand des sozialen Zustandes überhaupt. Der Umfang
des Sammelns wird bei den *Solitären* lediglich durch die Anzahl der Brutzellen bestimmt und die Sammelperiode bekanntlich durch weitere Brutpflegetätigkeit unterbrochen. Auf dieser Basis kann niemals ein „Vor-
rätesammeln" zustande kommen. Bei der Arbeiterin der Honigbiene dagegen hat *die Sammeltätigkeit jede direkte Relation zur Brutpflege verloren.*
Sie ist zu einer „abstrakten", sozialen Betätigung geworden — wie jedes
Glied der Arbeitskette.

Diese Betrachtung war nötig um zu zeigen, daß im Bienenstaat ein
Prinzip der Bewältigung der Arbeiten gegeben ist, das mit der Erledigung
ähnlicher, wenn auch einfacherer Arbeiten bei den solitären Bienen nicht
das geringste mehr zu tun hat. Die Frage, die uns jetzt weiter interessiert,
ist die: Wie hat sich dieser Modus der Arbeitsteilung beim Bienenvolk
herausgebildet?

---

[1] Auch dort, wo es sich um einen Neubau bei einer Koloniegründung handelt,
sind immer alle Altersstadien im Schwarm vorhanden, wie wir jetzt sahen.

Meine ursprüngliche Hoffnung ging dahin, durch die in der vorliegenden Arbeit geschilderten Versuche eine Antwort auf diese Frage zu erhalten. Diese Hoffnungen haben sich, wie wir sahen, nicht erfüllt. An den zuerst einige Zeit gefangen gehaltenen Bienen sahen wir, daß sie trotz dieses Eingriffes den bekannten Modus der Absolvierung der Arbeitsetappen beizubehalten suchen, wenn sie in ein *normales* Volk zurückversetzt werden. Sie zeigten damit nur, wie stark der normale Ablauf ihrer Arbeitskette „gesichert" ist (und sein muß, wenn anders nicht das komplizierte Getriebe durch etwaige Willkür der Einzelindividuen in Frage gestellt werden soll). Andererseits zeigten die übrigen Versuche, daß bei unvollständigen Volksteilen, wenn sie *als Ganzes* vor ungewöhnliche Bedingungen gestellt wurden, die Einzeltiere wohl in der Lage sind, sich den veränderten Bedingungen dadurch anzupassen, daß sie ihre normalen Etappen verlassen. Daraus können wir jedoch nur folgern, *daß das Prinzip der Arbeitsteilung im Bienenvolk plastisch genug ist, um selbst uns unnatürlich erscheinende Situationen zu überwinden.* Diese Plastizität trägt also nur dazu bei, unsere Behauptung von der Zweckmäßigkeit dieses Prinzips zu unterstreichen. Die Art und Weise jedoch, *wie* sowohl das Jungvolk als auch das Altvolk auf die veränderten Bedingungen reagierte, läßt keinen Schluß zu auf die uns hier interessierende Frage, wie dieser Modus der Arbeitsteilung im Bienenstaat hätte entstanden sein können[1].

Sicher könnten uns hier vergleichende Beobachtungen über die Arbeitsteilung bei anderen sozialen Bienenarten weiterhelfen, über die wir leider nur spärlich unterrichtet sind. Nach den Mitteilungen von LEGEWIE (1925) treffen wir schon die ersten Anzeichen einer sozialen Arbeitsverrichtung bei der „solitären" Furchenbiene *Halictus malachurus* K., deren Nachkommen — ohne die Mutter — in der zweiten und dritten Generation sozial leben.

Nach LEGEWIE legt das überwinterte, begattete Weibchen von *Halictus malachurus* im Frühjahr in einen Erdschacht bis zu 11 Brutkammern an, aus denen nach 4—6 Wochen die zweite (rein weibliche) Generation ausschlüpft. Diese Weibchen der zweiten Generation bleiben jetzt (im Gegensatz zu anderen solitären Bienen) alle beisammen, brüten im selben Erdschacht gemeinsam die dritte (parthenogenetische) Generation aus, die wiederum rein weiblich ist. Auch diese dritte Generation bleibt in der-

---

[1] Es ist wichtig hier anzumerken, daß selbst in einer ungewöhnlich kleinen Miniaturkolonie, die nur wenige Arbeiterinnen und eine begattete Königin in Eierlage beherbergte, eine Arbeitsteilung stattfand, wie ARMBRUSTER (1920) feststellte. In welcher Weise jedoch hier die Arbeiten verteilt werden, ist noch nicht festgestellt. Wahrscheinlich wird auch in einem solchen Fall das normale Arbeitsteilungsprinzip verlassen. Möglicherweise können uns solche Versuche, bei denen die Anzahl der Arbeiterinnen auf ein Minimum reduziert wird, wichtige Aufschlüsse für unsere Frage bringen.

selben Nestanlage mit den zum Teil noch vorhandenen Tieren der zweiten Generation zusammen und erbrütet in sozialer Arbeitsverrichtung die (parthenogenetische) vierte bzw. erste Generation von Weibchen und Männchen, von denen die begatteten Weibchen überwintern.

Von der gemeinsamen Arbeitsverrichtung der zweiten und dritten Generation dieses vorübergehend sozialen Bienenstaates berichtet LEGE-WIE (1925, S. 673): „In der ersten Zeit der beiden letzten Generationen kommt fast allein die gemeinsame Arbeitsverrichtung . . . in Frage." Darunter ist die *gemeinsame Verrichtung ein- und derselben Arbeit* zu verstehen. „In der ersten Zeit der jungen Kolonie wird entweder geflogen oder gegraben" (1925, S. 673), also werden die einzelnen Arbeiten *gemeinsam hintereinander* verrichtet. Daß die dabei eingehaltene „Reihenfolge" dieselbe ist wie bei der solitären Mutter, ist ohne Bedeutung und wie bei allen Solitären durch die Sachlage bedingt.

Nach den LEGEWIEschen Berichten gehen mit dem weiteren Gedeihen der *Halictus*-Kolonie jedoch die Arbeiter der zweiten und dritten Generation nun auch zur eigentlichen *Arbeitsteilung* über, die dadurch charakterisiert ist, daß *sämtliche* „einander ergänzende" Arbeiten von verschiedenen gleichwertigen Arbeitern oder Weibchen *gleichzeitig* verrichtet werden.

Es ist interessant, daß kei *Halictus malachurus* als „Vorstufe" der Arbeitsteilung eine gemeinsame Arbeitsverrichtung festzustellen ist, die dann durch eine (allerdings scheinbar recht willkürliche) Arbeitsteilung ersetzt werden kann. Darüber jedoch, wie bei dieser Biene dann im einzelnen die Arbeiten unter die verschiedenen Glieder des primitiven Staates aufgeteilt sind, konnte LEGEWIE noch keine Angaben machen.

Es sind also weitere Beobachtungen über entsprechende Verhältnisse bei verwandten Formen unserer Honigbiene, besonders bei Hummeln[1], und den anderen *Apis*-Arten abzuwarten, ehe wir diese Fragen der Entstehung des Arbeitsteilungsprinzips, das im Bienenvolk herrscht, beantworten können.

E. Zusammenfassung der Ergebnisse.

Als Ergebnis der hier vorgelegten Untersuchungen kann folgendes festgestellt werden:

Die im normal zusammengesetzten Bienenvolk angetroffene „Arbeitsteilung nach dem Alter der Einzelindividuen" kann unter experimentell herbeigeführten Bedingungen verlassen werden.

So können im Notfalle bei Abwesenheit der normalen alten Sammelbienen junge Arbeiterinnen vom 6. Tage an den Sammeldienst bis in alle Einzelheiten übernehmen. In diesem Falle teilen sich die jungen Bienen

---

[1] Untersuchungen über die Arbeitsteilung bei Hummelkolonien wurden von mir inzwischen begonnen.

vorübergehend nach dem Prinzip der gleichalten Arbeiterkasten in Brutpflegerinnen und Trachtbienen.

Ebenso können im Zwangsfalle ältere Arbeiterinnen, die bereits die
Brutpflegeetappe hinter sich haben, wieder zum Brutpflegedienst zurückkehren, wenn die normalen Brutpflegerinnen fehlen. Auch bei dieser erzwungenen Brutpflege wird die bekannte Staffelung in der Fütterung
alter und junger Larven eingehalten.

Dagegen wurde nicht beobachtet, daß alte Trachtbienen nochmals
zum Brutpflegegeschäft zurückkehrten.

Wir kennen bis jetzt keine natürlich gegebene Situation im Leben des
Bienenvolkes, bei welcher ein Verlassen des normalen Arbeitsteilungs-
prinzips nötig wäre, wie es in den Versuchen eintrat. Auch die natürliche
Teilung eines Bienenvolkes beim Schwarmakt vollzieht sich so, daß der
Fortbestand der normalen Arbeitsteilung nach dem Alter in beiden Volks-
teilen sicher gestellt ist.

Fehlen in einem Bienenvolk die normalen Baubienen im Alter von
12—18 Tagen, so können im Versuch ältere — im Extrem bis 26 Tage
alte — Arbeiterinnen die Bautätigkeit übernehmen. Dabei werden die
Wachsdrüsen dieser Baubienen ein zweites Mal entwickelt, und zwar
unter Mithilfe des ventralen Fettkörpers, der mit den Wachsdrüsenzellen
verschmilzt und diese wieder aufbaut.

Einzelne Arbeiterinnen, die nach dem Schlüpfen durch Gefangenschaft
an dem normalen Ablauf ihres „Arbeitsprogrammes" behindert werden,
beginnen (nachdem sie wieder ins Volk zurückgegeben werden) ihre normale Arbeitskette von vorn. Es konnten Arbeiter bis zu 26 Tage gefangen gehalten werden, doch ist ihr Verhalten nach einer mehr als
10tägigen Gefangenschaft aus versuchstechnischen Gründen abnorm ver-
ändert.

Die Reihenfolge der Tätigkeiten, die mit fortschreitendem Alter von
den Arbeiterinnen des Bienenvolkes übernommen werden, ist nicht ver-
gleichbar mit der „Reihenfolge" der Erledigung ähnlicher Arbeiten bei
solitären Bienen. Diese entspricht der natürlichen Fürsorge der Nachkommen, die einzelnen Etappen der Arbeitskette der sozialen Arbeiter
dagegen sind spezifisch auf den sozialen Verband zugeschnitten und nur
in ihm möglich, hier jedoch außerordentlich zweckmäßig. Über das Zustandekommen dieses Arbeitsteilungsprinzips können noch keine Angaben gemacht werden.

F. Verzeichnis der zitierten Literatur.

Armbruster, L.: Die Arbeitsteilung in einem Zwergvolk. Arch. Bienenkde
1920, H. 3/4, 152. — **v. Berlepsch, A.:** Die Bienen und ihre Zucht mit beweglichen
Waben, 2. Aufl. Mannheim 1869. — **Buckingham, E. N.:** Division of labor among
ants. Proc. amer. Acad. Arts a. Sci. **46**, Nr 18 (1911). — **Freudenstein, K.:** Lage

und Anordnung des Fettkörpers der Honigbiene. Arch. Bienenkde 4, H. 2/4 (1925). — **v. Frisch, K.:** Über die Sprache der Bienen. Jena: Gustav Fischer 1923. — Aus dem Leben der Bienen. Berlin: Julius Springer 1927. — **Gerstung, F.:** Der Bien und seine Zucht. Berlin 1927. — **Goetsch, W.:** Die Abhängigkeit sozialer Insekten vom Nest. Sitzgsber. Ges. Morph. u. Physiol. Münch. 1923. — **Götze, G.:** Zur Züchtungsbiologie. Preuß. Bienenztg 1926. — **Koehler, A.:** Weist die Biene in ihrem Körper Reservestoffe für die Winterruhe auf? Beobachtungen über Veränderungen am Fettkörper der Biene. Schweiz. Bienenztg 1921, 224—228. — **Kramer, U.:** Sind alte, d. h. Trachtbienen noch fähig zu brüten? Ebenda 1896. — **Legewie, H.:** Zur Theorie der Staatenbildung. 1. Teil. Z. Morph. u. Ökol. Tiere 3 (1925). — **Nelson, F. C.:** Adaptility of young bees under adverse conditions. Amer. Bee J. 1927. — **Perepelowa, L.:** Material zur Biologie der Biene. Opytnaja Passeka, Heft 11 u. 12, 1928 (russ.). — **Rauschmayer, F.:** Das Verfliegen der Bienen und die optische Orientierung am Bienenstand. Arch. Bienenkde 9 (1928). — **Rösch, G. A.:** Untersuchungen über die Arbeitsteilung im Bienenstaat. 1. Teil: Die Tätigkeiten im normalen Bienenstaat und ihre Beziehungen zum Alter der Arbeitsbienen. Z. vergl. Physiol. 2, H. 6 (1925). — Über die Bautätigkeit und das Alter der Baubienen. Weiterer Beitrag zur Frage der Arbeitsteilung im Bienenstaat. Ebenda 6, H. 2 (1927). — **Schnelle, H.:** Der feinere Bau des Fettkörpers bei der Honigbiene. Arch. Bienenkde 4, H. 2/4 (1925). — **Soudek, St.:** The pharyngeal glands of the honeybees. Bull. école supérieur agronomie 1927 (tschech.). — **Tjunin, F.:** Die Wachsdrüsen der Arbeiterinnen. Opytnaja Passeka 1928, H. 10 (russ.).